全世界孩子最喜爱的大师趣味科学丛书⑤

ENTERTAINING ALGEBRA

〔俄〕雅科夫·伊西达洛维奇·别莱利曼◎著　　项　丽◎译

中国妇女出版社

图书在版编目（CIP）数据

趣味代数学 /（俄罗斯）别莱利曼著；项丽译. —北京：中国妇女出版社，2015.1（2025.1 重印）

（全世界孩子最喜爱的大师趣味科学丛书）

ISBN 978-7-5127-0948-5

Ⅰ.①趣…　Ⅱ.①别…　②项…　Ⅲ.①代数—青少年读物　Ⅳ.①O15-49

中国版本图书馆CIP数据核字（2014）第240996号

趣味代数学

作　　者：〔俄〕雅科夫·伊西达洛维奇·别莱利曼　著　项丽　译
责任编辑：门　莹
封面设计：尚世视觉
责任印制：王卫东
出版发行：中国妇女出版社
地　　址：北京市东城区史家胡同甲24号　　邮政编码：100010
电　　话：（010）65133160（发行部）　　65133161（邮购）
法律顾问：北京市道可特律师事务所
经　　销：各地新华书店
印　　刷：北京中科印刷有限公司
开　　本：170×235　1/16
印　　张：15
字　　数：195千字
版　　次：2015年1月第1版
印　　次：2025年1月第45次
书　　号：ISBN 978-7-5127-0948-5
定　　价：30.00元

编者的话

“全世界孩子最喜欢的大师趣味科学”丛书是一套适合青少年科学学习的优秀读物。丛书包括科普大师别莱利曼的6部经典作品，分别是：《趣味物理学》《趣味物理学（续篇）》《趣味力学》《趣味几何学》《趣味代数学》《趣味天文学》。别莱利曼通过巧妙的分析，将高深的科学原理变得简单易懂，让艰涩的科学习题变得妙趣横生，让牛顿、伽利略等科学巨匠不再遥不可及。另外，本丛书对于经典科幻小说的趣味分析，相信一定会让小读者们大吃一惊！

由于写作年代的限制，本丛书还存在一定的局限性。比如，作者写作此书时，科学研究远没有现在严谨，书中存在质量、重量、重力混用的现象；有些地方使用了旧制单位；有些地方用质量单位表示力的大小，等等。而且，随着科学的发展，书中的很多数据，比如，某些最大功率、速度等已有很大的改变。编辑本丛书时，我们在保持原汁原味的基础上，进行了必要的处理。此外，我们还增加了一些人文、历史知识，希望小读者们在阅读时有更大的收获。

在编写的过程中，我们尽了最大的努力，但难免有疏漏，还请读者提出宝贵的意见和建议，以帮助我们完善和改进。

目录

Chapter 1　第五种数学运算 → 1

Chapter 2　代数的语言 → 31

2

Chapter 4　丢藩图方程 → 115

Chapter 5　第六种数学运算 → 147

Chapter 6　二次方程 → 155

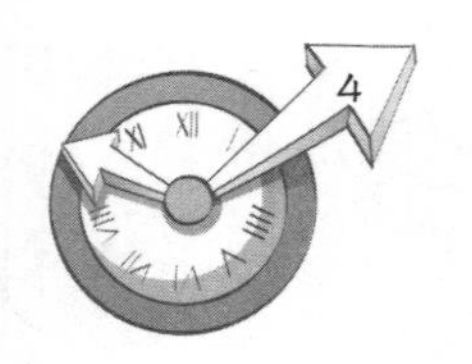

Chapter 7　最大值和最小值 → 171

Chapter 8　级数 → 195

Chapter 9　第七种数学运算 → 207

Chapter 1
第五种数学运算

第五种运算——乘方

我们都知道，代数运算一般有4种：加、减、乘、除。但是，你知道吗？代数又被称为“具有7种运算的算术”，这是因为，除了以上4种运算外，还有乘方及其两种逆运算。

下面，我们就来说一下乘方运算，我们把它称为“第五种运算”。

需要说明的是，这一运算也是从实际生活中应运而生的。而且，在我们的日常生活中经常会用到它。回想一下，在计算面积、体积的时候，我们经常要用到二次方或者三次方。此外，在物理学中，万有引力、电磁作用以及声、光的强弱，都跟距离有关：强度大小与距离的二次方成反比；在太阳系中，行星围绕太阳转动的周期的二次方与它和太阳之间间距的三次方成正比，卫星围绕行星转动时也是如此。

上面提到了二次方和三次方，在实际生活中，我们有可能还会遇到更高次的乘方。比如说，工程师在计算材料强度的时候，经常会用到四次方；计算蒸汽管的直径用到的则是六次方。

在研究水流对石头的冲击力量时，也要用到六次方。假设一条河的水流速度是另一条河的4倍，那么，水流速度快的河流对河床上石头的冲击力就是水流速度慢的河流的 $4^6=4096$ 倍。在本系列丛书中《趣味力学》

chapter 9中，对这一问题有详细的说明。

在研究灯泡钨丝的亮度与温度的关系时，我们会遇到更高次的乘方运算。这里有一个公式，当物体在白热状态时，总亮度增加的倍数是绝对温度（即从－273℃起算的温度）增加倍数的12次方倍；而赤热状态时，这一倍数高达30次方。例如，如果物体的绝对温度从2000K升高到4000K，即温度增加为原来的2倍，那么它的亮度就增加为原来的$2^{12}=4096$倍。在后面的章节中我们会讲到，这一理论在灯泡的制造中具有重要意义。

乘方带来的便利

在天文学中，第五种运算的应用是最为广泛的。在研究宇宙的过程中，经常要用到非常巨大的数，即天文数字——它们只有一两位有效数字，后面跟着一长串0。按照普通的记数方法，天文数字的书写和运算都极不方便。以地球到仙女座星云的距离为例，如果用普通的方法来写，即

$$9500000000000000000 \text{ 千米}$$

这个数的单位是“千米”，而在天文计算中，经常需要换算成厘米，这就需要在上面的数后面再加5个0，即

$$950000000000000000000000$$

这个数已经很大了，但恒星的质量比这个数还要大得多。例如，用克

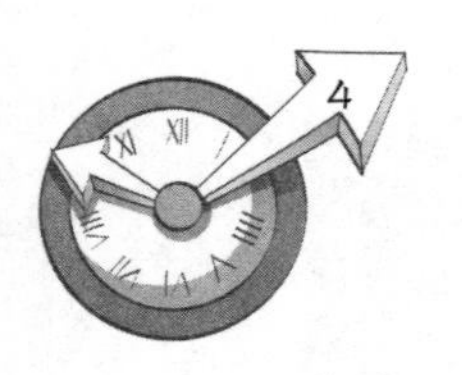

来表示太阳的质量就是下面这个数：

1 983 000 000 000 000 000 000 000 000 000 000

很显然，如果用这种记数方法来进行运算，非常容易弄错后面0的个数。更何况，有时候遇到的数比这还要大得多。

此时，第五种运算就显示出了优越性。我们知道，对于1后面跟着一些0的数，通常用10的若干次方来表示，如：

$$10=10^1, 100=10^2, 1000=10^3, 10000=10^4, \cdots$$

按照这种方式，前面提到的两个数就可以用下面的形式表示：

$$95000000000000000000000000=95\times10^{23}$$

$$1983000000000000000000000000000000=1983\times10^{30}$$

这样，在进行计算的时候，不仅方便书写，而且运算起来也非常容易。比如说，要想用这两个数进行乘法运算，就可以写成下面的式子：

$$(95\times10^{23})\times(1983\times10^{30})=95\times1983\times10^{(23+30)}=188385\times10^{53}$$

如果不运用乘方运算，那么这两个数相乘得到的数后面会有53个0！这样不但书写起来非常麻烦，而且可能会漏写0而发生错误。

地球质量是空气质量的几倍

下面再来举一个例子，通过这个例子，我们可以对乘方在“天文数字”运算中的作用有更深刻的认识。比如，计算一下地球的质量相当于它周围空气质量的多少倍。

首先，地球表面每平方厘米所受到的空气压力大约是1千克，即地球表面每平方厘米支撑的空气柱的质量约等于1千克。这样的话，就可以把地球周围的空气看成是由很多个这样的空气柱组成的。只要算出地球的表面积，就可以知道一共有多少个这样的空气柱，从而得到地球周围空气的总质量。通过查阅资料，可以很容易得到，地球的表面积大约是51000万平方千米，即51×10^{7}平方千米。

我们知道，1千米等于1000米，而1米等于100厘米，也就是说，1千米等于10^{5}厘米；那么，1平方千米就等于$(10^{5})^{2}=10^{10}$平方厘米。由此，我们可以得到地球的表面积为

$$51\times10^{7}\times10^{10}=51\times10^{17}\text{（平方厘米）}$$

这个数值就是地球周围空气的质量，单位是千克，如果换算成吨，就是$51\times10^{17}\div10^{3}=51\times10^{14}$吨，而地球的质量约为$6\times10^{21}$吨。那么，它们两个的比值就是

$$6\times10^{21}\div51\times10^{14}\approx10^{6}$$

也就是说，地球的质量是它周围空气质量的一百万倍。换言之，地球周围的空气质量只有地球质量的百万分之一。

没有火焰和热也可以燃烧

我们知道，木头或者煤炭只能在比较高的温度下才能燃烧，化学家告诉我们，这是因为碳元素跟氧元素发生了化合反应。其实，这种化合反应在任何温度下都能进行，只不过常温下反应速度比较慢而已，以至于我们几乎观察不到。化学反应定律是这么说的：温度每降低10℃，反应速度就会减缓$\frac{1}{2}$。

根据这一定律，我们可以对木头与氧气发生化合反应的过程进行研究。我们假设当火焰的温度为600℃时，烧掉1克的木头需要花费1秒钟。那么，当温度为20℃的时候，烧掉同样重量的木头需要多少秒呢？

此处温度从600℃降到20℃，下降了580℃，也就是下降了10℃的58倍，所以，反应速度就是原来的$(\frac{1}{2})^{58}$，也就是说，烧掉这1克木头需要2^{58}秒。

这段时间到底有多长呢？其实，不用真的把这个数计算出来，我们可以粗略估算一下。我们知道

$$2^{10}=1024\approx 10^3$$

所以

$$2^{58}=2^{60-2}=2^{60}\div 2^2=\frac{1}{4}\times 2^{60}=\frac{1}{4}\times(2^{10})^6\approx\frac{1}{4}\times 10^{18}$$

而一年的时间大概是3000万秒，也就是3×10^7秒，所以

$$\frac{1}{4}\times10^{18}\div(3\times10^{7})=\frac{1}{12}\times10^{11}\approx10^{10}\text{（秒）}$$

即100亿年！也就是说，在20℃的温度下，要烧掉1克的木头需要的时间大概是100亿年。

这么慢的反应速度，难怪我们感觉不到。但是，如果采用取火工具，则可以把这个缓慢的过程加快上万倍，甚至更多。

天气变化的概率

【题目】假设我们在讨论天气的时候，只用有没有云来区分，也就是说，只分为晴天和阴天两种情况。那么，你认为会在多长时间内，天气变化情况完全不重复？

粗略估计一下，这个值应该并不大，最多经过两个月，所有的晴天和阴天的组合应该都有了，在后面的时间里，这些组合中总有一个会重复出现。

但是，真的是这样的吗？下面，我们就借助第五种数学运算来计算一下，看在这种分类方法下，究竟有多少种不同组合。

【解答】首先，在一个星期内有多少种不同的阴晴组合形式呢？

第一天可能是晴天，也可能是阴天，因此有2种可能。

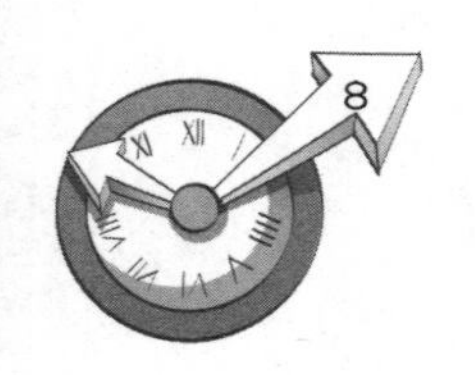

同样，第二天也有2种可能，因此前两天共有2^2种可能的组合，即

两天都是晴天　　　　　　　　第一天阴天，第二天晴天

第一天晴天，第二天阴天　　　两天都是阴天

那么，前三天呢？由于第三天也有2种组合，所以，跟前两天所有可能的组合结合起来，前三天所有可能的天气变化组合数为$2^2\times2=2^3$。依此类推，前四天所有可能的天气变化组合数为$2^3\times2=2^4$；前五天共有2^5种组合；前六天共有2^6种组合；一个星期一共有$2^7=128$种组合。

也就是说，最多经过连续128周，天气变化情况会完全不同。在128周之后，128种组合中总有一种会再次出现。当然，也许在128周之前就已经出现了重复的情形，这里的128周只是一个最长的期限，超过这个期限，重复是肯定会发生的。但是，也有可能在这128周中完全没有重复的情形，只是这种概率是很小的。

破解密码

【题目】某个单位保险柜的密码被忘记了，只有钥匙没有密码是无法将它打开的。保险柜的门上有一个密码锁，它是由5个带有字母的圆环组成的，每个圆环上面有36个字母，只有把这5个圆环上的字母组成一个单词，才能把锁打开。要想打开这个密码锁而不破坏保险柜，就必须把圆环上所有的字母组合都尝试一遍，假设每尝试一个组合所花的时间是3秒钟。

如果计划用10个工作日把这把锁打开，可能做到吗？

【解答】我们先来计算一下，这些字母所有可能的组合共有多少种。

先看两个圆环的情况。每个圆环上都有36个字母，从这两个圆环上各取一个字母，所有可能的组合情况有

$$36\times36=36^2\text{（种）}$$

上面的任一种都可以跟第三个圆环上的任一个字母搭配，得到所有可能的组合情况有

$$36^2\times36=36^3\text{（种）}$$

依此类推，4个字母所有可能的组合是36^4种，5个字母所有可能的组合是$36^5=60466176$种。由于尝试每个组合需要的时间是3秒钟，所以，要把所有的组合都尝试一遍，需要的时间就是

$$3\times60466176=181398528\text{（秒）}$$

把上面的数换算成小时，就是

$$181398528\div3600=50388\text{（小时）}$$

如果每天工作8小时，大概需要

$$50388\div8=6300\text{（天）}$$

差不多有20年。

结论是，想用10个工作日打开这个密码锁，机会太渺茫了，它的概率只有$\frac{10}{6300}$，也就是$\frac{1}{630}$，太小了。

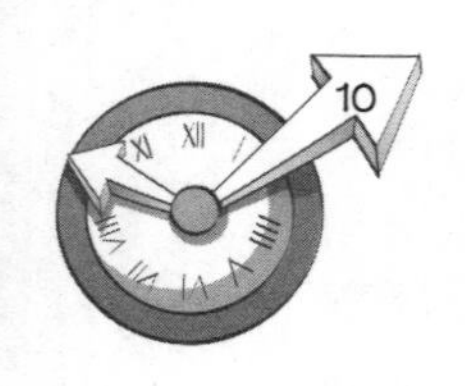

碰上“倒霉号”的概率

【题目】有个迷信的人买了一辆自行车，他特别忌讳数字“8”，生怕自己的自行车牌里面出现“8”这个倒霉的数字。他一直在盘算：车牌上所有的数字都包含在0，1，2，…，9这10个数字当中。在这些数字中，只有一个是“8”，因此碰上“倒霉数”“8”的可能性只有$\frac{1}{10}$。

请问，他的想法正确吗？

【解答】自行车牌的号码一共有6位，每位都有0，1，2，…，9共10种可能，共有10^6种组合，除去000000不能做为车牌号，剩下的号码一共是999999个，即

$$000001，000002，\cdots，999999$$

现在来计算一下一共有多少个“幸运号”，也就是不带数字“8”的号。第一位数字可能是除了“8”之外的9个数字中的任何一个，即0，1，2，3，4，5，6，7，9；第二位数字也是一样。所以，前两位数共有$9\times9=9^2$种“幸运数”组合。如果再加上一位数，由于新加上的这个数也有9种可能，所以，前三位的“幸运数”有$9\times9^2=9^3$种组合。

依此类推，6位车牌号所有可能的“幸运号”个数是9^6个。

这些号码中包含了000000，它不能作为自行车的车牌号码。所以，所有的“幸运号”共有$9^6-1=531440$个。在上面的999999个数之中，这些“幸运号”所占的比例只比53％多一些，因此，“倒霉号”所占的比例将近47%，远远高于买车人认为的10%。

如果车牌号不是6位，而是7位，那么，在所有的车牌号码中，“倒霉号”甚至比“幸运号”还要多，读者可以自己证明一下。

用2累乘的惊人结果

用2累乘一个很小的数，就可以把这个数变得非常大，而且累乘的次数不需要太多。下面，我们举一个大家不太熟悉的例子。

【题目】草履虫每隔一定的时间就会由一个分裂成两个，这个时间大概是27小时。假设通过这种方法分裂出来的草履虫都能存活，那么，大概需要多长时间，一只草履虫分裂出来的所有后代的体积才能跟太阳的体积一样大？

假设每次分裂的后代都存活，已知一只草履虫分裂40代之后，它所有的子孙所占的体积大概是1立方米，而太阳的体积大

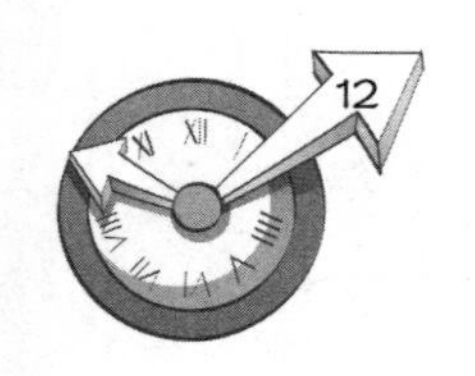

概是10^{27}立方米。

【解答】根据已知条件，题目实际上就是问：用2累乘1立方米，要累乘多少次才会得到10^{27}立方米？

我们知道，$2^{10}\approx1000$，所以10^{27}可以表示成下面的式子：

$$10^{27}=(10^3)^9\approx(2^{10})^9=2^{90}$$

也就是说，在分裂40代的基础上，只要再分裂90次，就可以达到太阳的体积那么大。如果从第一代开始算起，要分裂40+90=130次才能达到太阳那么大的体积。很容易计算出，分裂到130代大概需要147天，过程如下：

$27\times130=3510$（小时）

$3510\div24=146.25$（天）≈147（天）

据说，曾经有一位微生物学家，从草履虫第一次分裂开始观察，一直观察到它分裂了8061次。感兴趣的读者朋友可以自己计算一下，如果这些草履虫一只也没有死掉，经过这么多次分裂以后，所占的体积是多少？

其实，对于这个问题，我们还可以换一种说法：

假设太阳也进行分裂，第一次分裂成两个，每一半又分裂成两个，并一直分裂下去。那么，经过多少次分裂之后，最终形成的粒子和草履虫的体积一样大？

当然，答案也是130次，但是，你可能会觉得不可思议，怎么才这么少的次数？是真的吗？当然是真的。

类似的问题还有很多，比如：把一张纸对半剪开，剪出来的半张纸再对半剪开，这样一直进行下去。那么，剪多少次之后（假设可以一直剪下去），得到的粒子跟原子大小一样？

我们假设一张纸的质量是1克，原子的质量我们取$\frac{1}{10^{24}}$克这个数量级。因为

$$10^{24}=(10^3)^8\approx(2^{10})^8=2^{80}$$

所以，一共要剪80次。很多人以为需要剪几百万次，实际上根本没有那么多。

快100万倍的触发器

有一种电子装置叫触发器，它主要由两个电子管组成，这种电子管跟收音机里的电子管差不多。通过触发器的电流必定会通过其中一个电子管，可能是左边的，也可能是右边的。在触发器里有两个接触点，用来接收外部的短暂电信号（脉冲）；还有另外两个接触点，用来输出触发器的回答脉冲。在外面输入脉冲的瞬间，触发器就会转变状态，即进行“翻转”，这时，原来导通的电子管变成闭合状态，电流转而进入另一个电子管。当右边电子管闭合、左边电子管导通的时候，触发器就会瞬间输出回答脉冲。

现在，我们给触发器连续不断地输入几个电脉冲，看看它是怎样工作的。我们不妨根据右边的电子管来确定触发器所处的状态：当右边的电子管闭合，我们规定触发器处于“0状态”；当右边的电子管导通，我们规定它处于“1状态”。

假设触发器的初始状态是"0状态"，即左边的电子管导通，如图1所示。输入第一个脉冲后，右边闭合的电子管变成导通状态，也就是触发器翻转成"1状态"。此时触发器不输出回答脉冲，因为只有右边的电子管处于导通状态时，才输出回答脉冲。

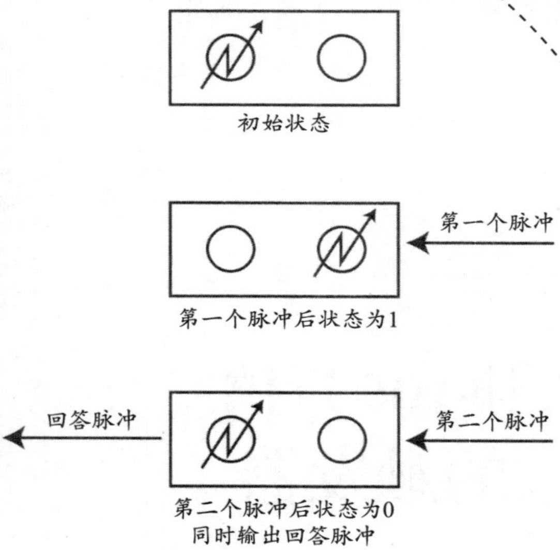

接着输入第二个脉冲，这时，左边的电子管变成导通状态，触发器又翻转到"0状态"，此时触发器输出回答脉冲。

在输入两个脉冲之后，触发器又回到了初始状态。所以，继续输入第三个脉冲后，触发器处于"1状态"；输入第四个脉冲后，触发器又处于"0状态"，并输出回答脉冲，依次不停地循环下去。也就是说，每输入两个脉冲，触发器的状态就会重复一次。

初始状态

第一个脉冲

第一个脉冲后状态为1

回答脉冲

第二个脉冲

第二个脉冲后状态为0
同时输出回答脉冲

图1

假设现在有很多个这样的触发器，给第一个触发器输入脉冲信号后，把它输出的回答脉冲加到第二个触发器上，第二个触发器的回答脉冲再加到第三个触发器上，依次类推。如图2所示，把它们顺次连接起来。现在，我们来看一下这些触发器会如何工作。

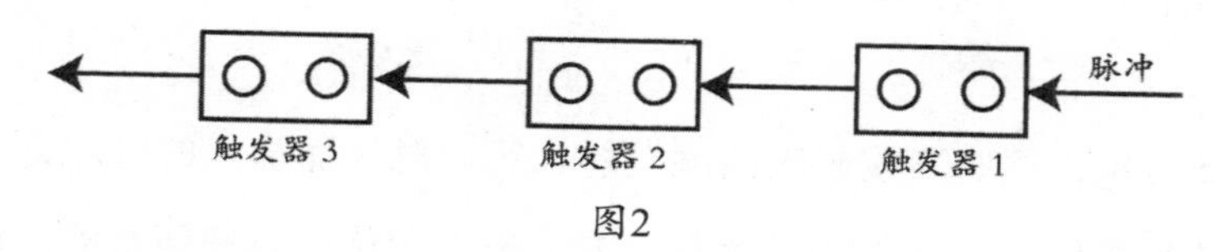

图2

假设一共有5个触发器，它们的初始状态都是“0”。这样的话，我们就可以把它们的初始状态记为“00000”。输入第一个脉冲后，最右边的那个触发器就会转变成“1状态”，由于此时并没有输出回答脉冲，所以，后面的4个触发器仍然处于“0状态”，也就是说，现在的状态是“00001”。接着，我们输入第二个脉冲，这时，最右边的触发器就会翻转，变成“0状态”，并输出回答脉冲加到第二个触发器，使得第二个触发器发生翻转，变成“1状态”，而其他的触发器仍然处于“0状态”，所以，现在的状态变成了“00010”。接着，再输入第三个脉冲，这时，第一个触发器又会发生翻转，但不输出回答脉冲，所以其他的触发器状态都不会变化，这样的话，总体状态就是“00011”。接着，输入第四个脉冲，第一个触发器继续翻转，并输出回答脉冲，这个回答脉冲会使第二个触发器发生翻转，也输出回答脉冲，从第二个触发器输出的回答脉冲使得第三个触发器发生翻转，所以，这时的状态就变成了“00100”。

这样一直进行下去，我们就会得到下面的状态：

输入第1个脉冲后　00001

输入第2个脉冲后　00010

输入第3个脉冲后　00011

输入第4个脉冲后　00100

输入第5个脉冲后　00101

输入第6个脉冲后　00110

输入第7个脉冲后　00111

输入第8个脉冲后　01000

……

由此可见，这些连接起来的触发器，可以对外面输入的脉冲进行“计数”，并且是以一种特殊的“计数”方法来表示这些脉冲信号的。通过观察不难发现，这种“记录”脉冲信号次数的方法，就是二进制计数法。

在二进制中，用“0”和“1”表示所有的数。跟十进制不一样，二进制后面一位上的1是前面一位上的1的两倍，而不是10倍。二进制数转化成十进制数时，首先从右至左用二进制的每个数分别乘以2的相应次方数，即2^0，2^1，2^2，……然后再把所得的数相加即可。比如，二进制数“10011”转化为十进制数为$1\times2^0+1\times2^1+0\times2^2+0\times2^3+1\times2^4=19$。

连接起来的触发器就是用这种方式对输入信号进行计数并记录的。需要注意的是，触发器每翻转一次，也就是每输入一个脉冲信号，大概只需要一亿分之几秒的时间。现代计数触发器在1秒钟的时间里，可以“计算”1000多万个脉冲。一般来说，即便你的眼睛可以辨别得非常快，也大概需要0.1秒才能识别出这个变换的信号，所以，跟人相比，它快了差不多100万倍。

假如把20个触发器按照以上的方式连接起来，也就是说，这一串触发器可以用20位的二进制来表示输入的脉冲信号，那么，它可以“计数”到$2^{20}-1$，这个数比100万还要大。而如果是64个触发器连在一起，则可以用它来“计数”著名的“象棋数字”（即2^{64}）了。

用触发器可以在1秒钟的时间里“计数”几百万个信号，这在核物理的研究中具有十分重要的意义。例如，原子在裂变时会释放出大量的粒子，这个数目非常大，就可以用这一方法来计数。

计算机的计算原理

除此之外，我们还可以利用触发器来进行数的运算。下面，我们就来看一下，它是如何实现两个数相加的。

如图3所示，把3排触发器按图中的样子连起来。第一排触发器用来记被加数，第二排用来记加数，最后一排记二者加起来的和。当上面的两排触发器的状态为“1”时，会向第三排的触发器输出脉冲信号。

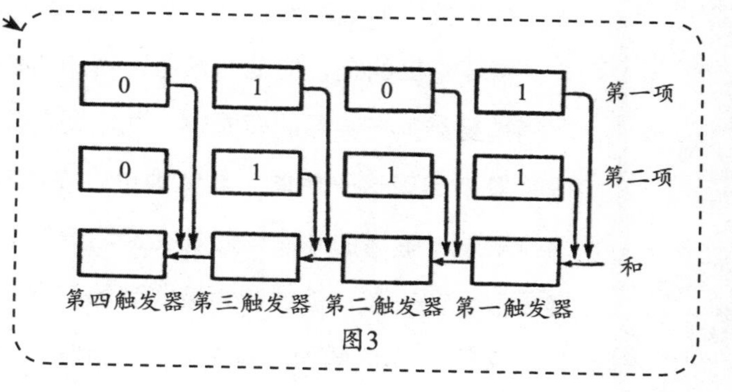

图3

从图中可以看出，上面两排触发器分别记着二进制数101和111。最后一排的第一个触发器从上面两排的第一个触发器各得到一个脉冲信号，即共得到两个脉冲信号。根据前面的分析，此时最下面的第一个触发器仍然处于“0状态”，同时会给第二个触发器发送一个回答脉冲。另外，第二个触发器还会从第二个二进制数那里得到一个脉冲信号。也就是说，这个触发器共得到了两个脉冲信号，因此，该触发器也处于“0状态”，并且，它还会向第三个触发器发送一个回答脉冲。除了得到这个回答脉冲之

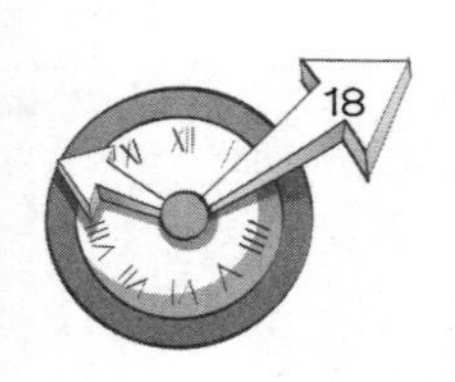

外，第三个触发器还从上面的两个触发器中得到了两个脉冲。也就是说，该触发器共得到3个信号，结果变成“1状态”，同时输出一个回答脉冲。第四个触发器得到了这个回答脉冲，并且再没有其他脉冲信号输入，因此第四个触发器的状态为“1”。以上的过程实现了两个二进制数的加法运算，即

$$\begin{array}{r} 101 \\ +111 \\ \hline 1100 \end{array}$$

如果换算成十进制的数，就是5+7=12。在图3中，最下面一排触发器输出的回答脉冲，就相当于我们在用“竖式”进行加法运算时的进位。如果每排触发器不是4个，而是20个甚至更多，我们就可以进行百万甚至千万级的数的加法运算。

需要指出的是，借助触发器进行加法运算的实际装置，要比图中的情况稍稍复杂。在实际的装置中，我们还需要考虑信号的“延迟”，通过一些装置来实现这一功能。具体地讲，在图3中，在接通装置的瞬间，上面两排触发器输出的脉冲同时加在最后一排的第一个触发器上，两个信号很容易混合在一起，被误认为接收到的只有一个信号。为了避免这种现象发生，必须让上面的两个信号分先后到达，即后一个信号要比前一个信号“延迟”到达。如果加上这一延迟装置，两个数相加的时候，就会比触发器单纯计数花费的时间要多一些。

将上面的设计方案稍加改造，就可以进行减法运算，甚至乘法运算、除法运算。事实上，乘法运算就是连续的加法运算，因此，花费的时间就会比加法运算多很多。

以上过程即是现代计算机的计算原理。应用这一装置的计算机每秒可以运算1万甚至10万多次，未来每秒运算速度甚至会达到上百万次、上亿次。读者朋友，你可能会觉得，这么快的运算速度有什么用处呢？在很多

人看来，要计算一个15位数的平方，用$\frac{1}{1000}$秒的时间来计算跟用$\frac{1}{4}$秒的时间来计算，好像没有什么太大的差别，都是一瞬间而已嘛。

其实不然。我们不妨先来看一个例子：一个非常优秀的象棋选手，在下每一步棋的时候，落子之前往往要考虑几十甚至上百种可能的情况。假设他考虑一种情况需要花费几秒，上百个方案就要花费几分钟甚至几十分钟。这样的话，在复杂的棋局中，棋手就会感到时间不够用，因为思考的时间可能会占用整个比赛所规定的绝大部分时间，导致最后只能匆忙落子。但是，如果把分析走棋方案的工作交给计算机来做，会怎么样呢？计算机每秒能进行上万次的运算，它分析完所有的走棋方案只需要一眨眼的工夫，当然不会出现时间不够用的情况。

你可能会说，计算是计算，下棋是下棋，它们是不一样的。棋手下棋的时候，可不是在计算，而是在思索，计算机怎么可能会下棋呢？你无须疑惑，我们在后面的章节中会对这一问题再进行详细的分析。

共有多少种可能的国际象棋棋局

在本节中，我们就来粗略计算一下，在国际象棋的棋盘上，一共可能会出现多少种不同的棋局。我们只是想让大家知道这个数目会有多大，非常精确的计算没有太大意义，因此我们只是进行一种估算。有一本书，叫《游戏的数学

和数学的游戏》，里面有这样一段文字：

由于白方的每个卒都可以向前走一个格或者两个格，一共有8个卒，共有16种走法；而2个马又分别有2种走法，共有4种走法。所以，白方的第一步一共有$16+4=20$种走法。同样地，黑方的第一步也有20种走法。白、黑两方各走第一步之后，会出现$20\times 20=400$种不同的棋局。

走了第一步后，后面的走法就更多了。比如说，如果白子第一步走的是*e*2-*e*4，那么，第二步就会有29种走法。再走第三步，可能的走法还会更多。以王后为例，假设它本来在*d*5格中，且它所有的出路均为空格，那么它可能的走法就有27种。不过，为了计算更简单，我们不妨取它们的平均数：

在双方的前5步中，假设每步的走法都是20种，在以后的每一步中，假设每步的走法是30种。另外，假设在比赛中双方各走了40步。这样，我们就可以计算出，在这盘比赛中，所有可能的棋局数目是

$$(20\times 20)^5\times(30\times 30)^{35}$$

为求出上式的近似值，我们不妨对上式进行一些变形：

$$(20\times 20)^5\times(30\times 30)^{35}=20^{10}\times 30^{70}=2^{10}\times 3^{70}\times 10^{80}\approx 10^3\times 3^{70}\times 10^{80}=10^{83}\times 3^{70}$$

在上式中，用2^{10}来代替10^3，因为$2^{10}\approx 1000=10^3$。

对3^{70}可以进行下面的近似：

$$\begin{aligned}3^{70}&=3^{68}\times 3^2\approx 10\times(3^4)^{17}\approx 10\times 80^{17}\\&=10\times 8^{17}\times 10^{17}=2^{51}\times 10^{18}\\&=2(2^{10})^5\times 10^{18}\approx 2\times 10^{15}\times 10^{18}\\&=2\times 10^{33}\end{aligned}$$

进而

$$(20\times 20)^5\times(30\times 30)^{35}\approx 10^{83}\times 2\times 10^{33}=2\times 10^{116}$$

在传说中，赏给象棋发明人的麦粒数是$(2^{64}-1)$，这个数大概是

16×10^{18}，象棋的棋局数可比这个数大多了。假如地球上所有的人每天24小时都在下棋，假设每走一步只需1秒，那么，要想把这些棋局全部实现，所需要的时间大概是10^{100}个世纪！

自动下棋机中隐藏的秘密

出现了能够自动下象棋的机器，你一定会觉得很神奇。棋子在棋盘上的不同组合非常多，甚至可以说有无限多个。如果告诉你，历史上曾出现过能够自动下棋的机器，你一定觉得不可思议，怎么可能制造出可以自动下棋的机器呢？

事实上，这只不过是人们的美好愿望罢了，并非真的出现过自动下棋机。匈牙利有一位名叫沃里弗兰克·冯·坎别林的机械师，因为发明了一种可以自动下棋的机器而声名远扬。据说，他在皇宫中展示过这一机器，继而又在巴黎和伦敦进行公开展览。甚至连拿破仑都想跟这台机器进行较量，并坚信自己可以取胜。后来，这台机器于19世纪中叶被带到了美国，不幸在费城的一次大火中化为灰烬。

据说当时还出现过一些别的自动下棋机，只不过，不像上面的这台那么有名。但是，人们并没有因此而灰心，一直致力于发明一种可以进行有效运算的机器。

事实上那时候发明的这类机器都无法真正实现自动运算。很多时候，

在机器的内部有一位棋手隐藏在里面，他在不停地移动棋子。虽然这种机器看起来非常逼真，但事实上它们只不过是内部空间很大，且装着一些复杂机械零件的箱子而已。箱子里装着棋盘和棋子，棋子的移动是通过一个木偶的手来实现的。在下棋之前给我们展示的时候，箱子里面仅有一些机器零件。其实里面的空间是很大的，完全能够装下一个个子比较小的人。著名的棋手约翰·阿尔盖勒和威廉·刘易斯都曾扮演过这个角色。当展示箱子的其中一部分时，藏在里面的人就偷偷地向其他位置移动。所以，这个箱子里面的机械只是道具而已，在下棋的时候，它们并没有真正发挥作用。

综上所述，我们可以得出这样的结论：棋子间的组合不计其数，并不存在真正的自动下棋机，那些所谓的机器不过是某些机械师骗人的伎俩罢了。所以，根本没有必要对这种所谓的自动下棋机心存恐惧，或者感到神奇。

不过，随着科技的发展，现在已经造出了这种可以自动下棋的机器，这就是计算机，它可以在1秒的时间里运算几千次，甚至更多。在前面我们已经提到过这种机器，那么，它究竟是如何工作的呢?

国王	+200分
王后	+9分
车	+5分
象	+3分
马	+3分
卒	+1分
落后卒	－0.5分
被困卒	－0.5分
并卒	－0.5分

其实，计算机所有的工作都基于运算，除此以外它什么都不会。但是，我们可以事先编一些程序，让计算机按照一定的步骤进行运算。

数学家就是根据下棋的一些战术来编写的程序。这些战术都是根据走棋的规则来制定的，根据这些规则，每个棋子对应的每个位置都有唯一的最佳路线。上页的表格就是一种下棋的战术，其中，对每个棋子都规定了一定的分值。

另外，在编写程序的时候，还按照一定的原则来衡量棋子所处位置的优劣，比方说，棋子是在中间还是在边上，棋子的灵活度如何，等等。位置的优劣也占有一定的分值，一般来说，这个分值不到1分。最后，把白方和黑方的总分相减，所得的差就代表了双方棋局上的优劣。如果是正的，就代表白方占优；如果是负的，则代表黑方占优。

计算机在计算的时候，一般只计算三步之内的差数，并且判断如何让这个差数的改变值最大，从而在这三步的所有组合中选择一个最优的方案，并在卡片上打印出来，**这就算走完了一步**。计算机的运算速度非常快，根本不会出现时间不够用的现象。

战术的形式多种多样，此处只是其中一种。战术不同，计算机的下棋方法自然也就不同。

话说回来，如果一个机器只能“想出”后面紧跟着的三步棋，它并不能算是一个好的**“棋手”**。不过，随着计算机技术的发展，计算机“下”棋的技术肯定会越来越高超的。

水平很高的棋手，通常会考虑未来10步甚至更多步的情况。

本书不可能详细地描述这类下棋的程序。在下一章中，我们会介绍几个比较简单的运算程序。

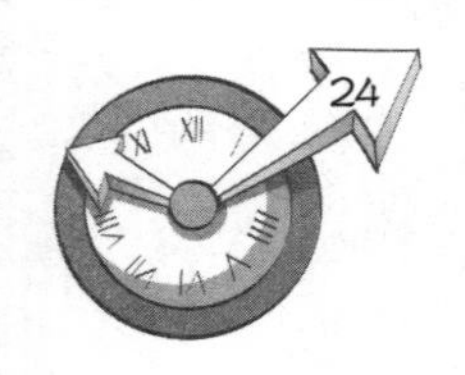

用3个2写一个最大的数

【题目】大家肯定都知道如何用3个数写出一个尽可能大的数来。例如，给出3个9，写成如下形式：

$$9^{9^{9}}$$

所得的数就是9的第三级“超乘方”。

那么，这个数到底有多大呢？可以说，根本找不到一个东西，可以用来帮助我们理解这个数字到底有多大。在宇宙中，哪怕是把所有的电子加起来，得到的数字跟它比起来也不值一提。

下面，我们来看这样一个问题：不使用运算符号，把3个2摆成尽可能大的数。

【解答】有了前面3个9的例子，很多读者朋友第一个想到的肯定是下面的摆法：

$$2^{2^{2}}$$

实际上，得到的结果可能会令你失望，因为它其实并不大，甚至比222要小得多，它是2^4，也就是16。

实际上，要想用3个2摆成一个最大的数，这个数不是222，

也不是$22^2=484$，而是

$$2^{22}=4194304$$

这个例子非常有意思。它说明了一个道理：如果用类推法去尝试解决数学问题，很有可能得到错误的推断。

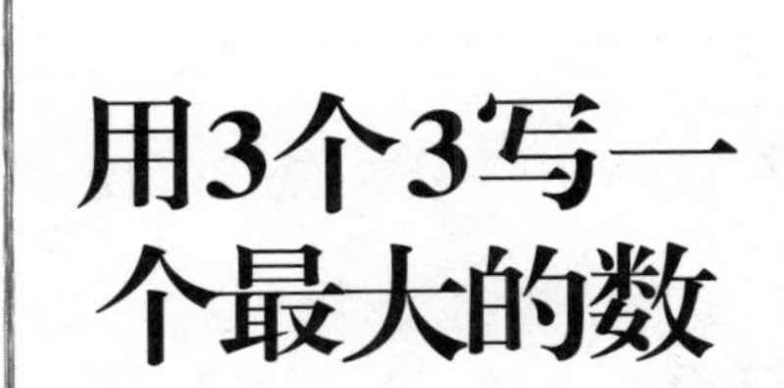

【题目】有了前面的经验，在计算下面的题目时，读者朋友会觉得并不困难：

不使用运算符号，把3个3摆成尽可能大的数。

【解答】如果还是用三级“超乘方”的方法来摆放，得到的数并不是最大的，这是因为：

$$3^{3^3}=3^{27}$$

这个数比3^{33}要小。所以，3^{33}才是正确答案。

3个4

【题目】不使用运算符号，把3个4摆成尽可能大的数。

【解答】在这个题目中，如果你按照3个3的经验来处理的话，就又错了，因为

$$4^{44}$$

比下面的三级“超乘方”

$$4^{4^{4}}$$

要小。因为$4^4=256$，所以$4^{4^{4}}=4^{256}$，它显然大于4^{44}。

3个相同的数字排列的秘密

通过前面的几个例子，读者可能会产生这样的困惑：为什么有些数字用三层的摆法最大，而有些数字就不是呢？下面，我们就来深入讨论一下这个问题，先

来看一般的情形。

不使用运算符号，用3个相同的数摆出一个尽可能大的数。用字母a表示一个数，下面的摆法：

$$2^{22}，3^{33}，4^{44}$$

就可以表示为

$$a^{10a+a}=a^{11a}$$

a的三级“超乘方”则可以表示为

$$a^{a^{a}}$$

问题的关键在于，当a取何值时，用三层摆法得到的数$a^{a^{a}}$比a^{11a}大。$a^{a^{a}}$与a^{11a}是以同一个数作为底的乘方，由于又都是整数，所以只需要比较它们指数的大小就可以了，指数大的，得到的数就大。上面的问题归结为求解下面的不等式：

$$a^{a}>11a$$

不等式两端都除以a，可以得出：

$$a^{a-1}>11$$

通过代入法，我们可以得到，当$a>3$时，$a^{a-1}>11$成立。例如，当$a=4$时，

$$4^{4-1}>11$$

显然是成立的，而3^{3-1}，2^{2-1}都比11要小。

由此，得出结论：当这个数为2或者3的时候，用a^{11a}的形式摆出的数最大；而当这个数大于等于4时，用三层摆法得到的数最大。

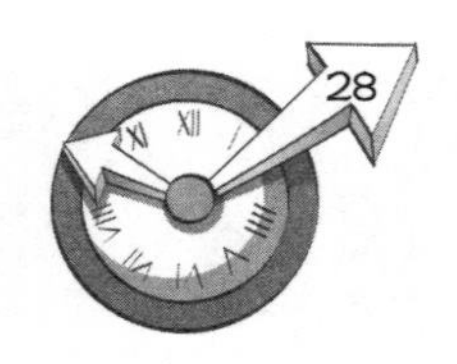

用4个1写一个最大的数

【题目】不使用运算符号，把4个1摆成尽可能大的数。

【解答】我们很容易想到的数字是1111，但是，这个数并不是正确的答案。因为下面这个数

$$11^{11}$$

比1111大多了。要想亲手计算出这个数值，可以把11连续累乘10次，只要耐心一些就可以了。其实，还可以通过查阅对数表的方法得到这个数的近似值。

实际上，这个数比2850亿还要大，也就是说，它比1111大25000万倍还要多。

用4个2写一个最大的数

【题目】把上面的题目扩展一下，来看看4个2的情形。

不使用运算符号，把4个2摆成尽可能大的数，该如何

摆放呢？

【解答】4个2所有可能的摆法一共有8种，即

$$2222,\ 222^2,\ 22^{22},\ 2^{222}$$

$$22^{2^2},\ 2^{22^2},\ 2^{2^{22}},\ 2^{2^{2^2}}$$

在这几个数中，到底哪个数最大呢？

首先来看最上面的4个数，也就用两层摆法得到的数。

很明显，第一个数字2222，比后面的3个数都要小。先比较一下2222后面的两个数：222^2和22^{22}。

把22^{22}进行如下变换：

$$22^{22}=22^{2\times11}=(22^2)^{11}=484^{11}$$

与222^2比，484^{11}的底数和指数都要大得多，所以，$22^{22}>222^2$。

再来比较22^{22}和第一行的第4个数2^{222}。我们取一个比22^{22}更大的数32^{22}，下面就来证明，即使是32^{22}，也比2^{222}小。

实际上，

$$32^{22}=(2^5)^{22}=2^{110}$$

这个数比2^{222}小多了。

也就是说，在第一行的4个数中，2^{222}最大。

再来看第二行中的几个数：

$$22^{2^2},\ 2^{22^2},\ 2^{2^{22}},\ 2^{2^{2^2}}$$

显然，最后一个数等于2^{16}，它肯定不是最大的，直接淘汰掉。而第一个数$22^{2^2}=22^4$，它小于$32^4=2^{20}$，也就是说，这个数也比中间的两个要小。所以，最后就变成比较这3个数的大小：

$$2^{222}，2^{22^2}，2^{2^{22}}$$

这三个数都是以2为底的指数，所以，只需要比较下面3个指数

$$222，484和2^{22}$$

的大小即可，指数最大的对应的数就最大。

很显然，2^{22}比222和484都要大得多。

因此，用4个2摆成的最大的数是$2^{2^{22}}$。来估算一下这个数有多大。

由于

$$2^{10} \approx 1000 = 10^3$$

而

$$2^{22} = (2^{10})^2 \times 2^2 \approx 4 \times 10^6$$

所以

$$2^{2^{22}} \approx 2^{4 \times 10^6} = (2^{10})^{400000} \approx 10^{1200000}$$

也就是说，这个数的位数比100万还要多。

Chapter 2
代数的语言

列方程的诀窍

方程就是代数的语言。在牛顿的著作《普遍的算术》一书中，有这样的描述："如果一个问题的数量间存在着抽象关系，只需把通俗的语言转换成代数的语言，问题就迎刃而解了。"那么，如何进行转换呢？牛顿举了一些例子，其中，有一个例子是这样的：

题目的语言	代数的语言
商人原来有一笔钱	x
在第一年，他花掉了100英镑	$x-100$
然后，他补进去了剩下钱数的三分之一	$(x-100)+\frac{x-100}{3}=\frac{4x-400}{3}$
第二年，他又花掉了100英镑	$\frac{4x-400}{3}-100=\frac{4x-700}{3}$
然后，他又补进去了剩下钱数的三分之一	$\frac{4x-700}{3}+\frac{4x-700}{9}=\frac{16x-2800}{9}$
第三年，他又花掉了100英镑	$\frac{16x-2800}{9}-100=\frac{16x-3700}{9}$
然后，他再次补进去了剩下钱数的三分之一	$\frac{16x-3700}{9}+\frac{16x-3700}{27}=\frac{64x-14800}{27}$
最后，他得到的钱数正好是原来的2倍	$\frac{64x-14800}{27}=2x$

通过求解方程，就可以得出商人原来有多少钱。

通常情况下，求解方程并不是一件困难的事情，最困难的地方莫过于如何根据题意列出方程。通过上面的例子，我们看到，列方程其实就是把普通的语言转换成代数语言的过程，诀窍也正在这里。通过变换，可以把普通语言变成很简洁的代数语言，但是，题目中的语言一般都是日常用语，有一些日常用语想要转换成代数语言并非易事。不同的情形下，这种转换的难度有大有小。通过以下几个例子，读者朋友便可有所体会。

丢藩图的年龄

【题目】古希腊有一位著名的数学家叫丢藩图，关于他的生平，并无史料可考，现在我们所了解的生平资料，都来自他墓碑上的碑文，这碑文其实就是一道数学题。

题目的语言	代数的语言
路人啊，请看过来吧！葬在这儿的人是丢藩图，通过以下文字，你可以得出他的寿命有多长	x
在生命的前六分之一，他度过了幸福的童年	$\frac{x}{6}$
又过了人生十二分之一，他脸上长出了胡须	$\frac{x}{12}$
结婚后，他度过了七分之一时间的二人世界	$\frac{x}{7}$

续表

题目的语言	代数的语言
又过了5年，他有了一个儿子	5
不幸的是，他的儿子只活了他父亲寿命的一半	$\frac{x}{2}$
儿子去世以后，这位老人在郁郁寡欢中度过了4年，然后离开了这个世界	4
现在你知道丢藩图的寿命有多长了吗	$x=\frac{x}{6}+\frac{x}{12}+\frac{x}{7}+5+\frac{x}{2}+4$

【解答】通过求解方程，可以得出$x=84$，并且了解到丢藩图的以下信息：丢藩图21岁时结婚，38岁当爸爸，80岁时儿子不幸去世，84岁离世。

马和骡子分别驮了多少包裹

【题目】再来看一个古老的问题，这个问题并不复杂，可以很容易变换成代数的语言。

一匹马和一头骡子驮着沉重的包裹并排向前走。马向骡子抱怨道："我背上的包裹太重了！"骡子说："如果把你背上的包裹给我一个，我背上的负担就是你的两倍了。要是把我背上的包裹拿给你一个，你背上的包裹也不过跟我一样重而已。你有什么好抱怨的？"

聪明的读者朋友，你能告诉我，马和骡子分别背了多少包裹吗？

【解答】

题目的语言	代数的语言
如果把你背上的包裹给我一个	$x-1$
我背上的负担	$y+1$
是你的两倍	$y+1=2(x-1)$
如果把我背上的包裹拿给你一个	$y-1$
你背上的包裹	$x+1$
跟我一样重	$x+1=y-1$

这样，上面的问题就转换成了一个二元一次的方程组：

$$\begin{cases} y+1=2(x-1) \\ x+1=y-1 \end{cases}$$

即

$$\begin{cases} 2x-y=3 \\ y-x=2 \end{cases}$$

很容易求得

$$\begin{cases} x=5 \\ y=7 \end{cases}$$

也就是说，马背了5个包裹，骡子背了7个包裹。

4兄弟分别有多少钱

【题目】兄弟4人共有45卢布。如果将老大的钱增加2卢布，老二的钱减少2卢布，老三的钱变成原来的2倍，老

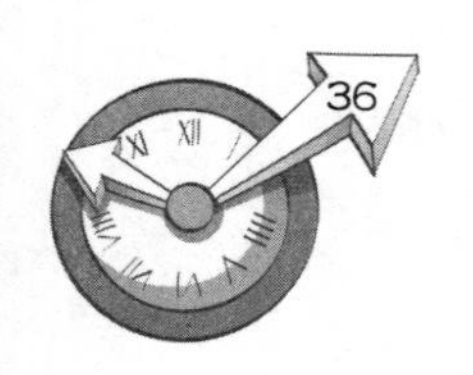

四的钱变成原来的二分之一，此时，他们手里的钱数就一样多。请问，他们原来分别有多少钱？

【解答】

题目的语言	代数的语言
兄弟4人共有45卢布	$x+y+z+t=45$
将老大的钱增加2卢布	$x+2$
老二的钱减少2卢布	$y-2$
老三的钱变成原来的2倍	$2z$
老四的钱变成原来的二分之一	$\frac{t}{2}$
他们手里的钱数就一样多	$x+2=y-2=2z=\frac{t}{2}$

最后一个方程拆分成三个方程，并跟第一个方程联立，得到方程组

$$\begin{cases} x+2=y-2 \\ x+2=2z \\ x+2=\frac{t}{2} \\ x+y+z+t=45 \end{cases}$$

可以求出：

$$\begin{cases} x=8 \\ y=12 \\ z=5 \\ t=20 \end{cases}$$

4个兄弟原来的钱数分别是：老8卢布，老二12卢布，老三5卢布，老四20卢布。

两只鸟的问题

【题目】河的两岸分别长着两棵棕榈树，它们正好隔岸相对。其中一棵的高度是30肘尺（古代的长度单位，大概等于肘关节到手指尖的长度），另外一棵的高度是20肘尺；两树之间相距50肘尺。在两棵棕榈树的树尖上，分别落着一只鸟。突然，在两棵树之间的河面上出现了一条鱼，两只鸟都看见了这条鱼，它们同时朝着鱼飞过去，最后同时到达了目标，如图4所示。

请问，这条鱼距离30肘尺高的棕榈树的树根有多远？

图4

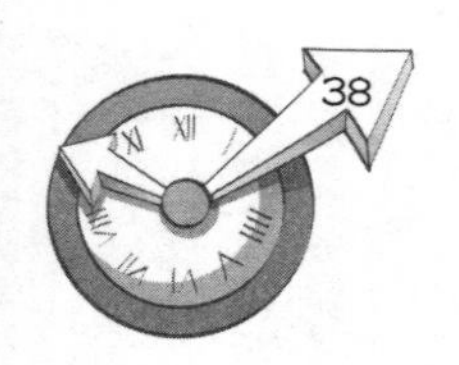

【解答】如图5所示，根据勾股定理，可以得出下面的关系：

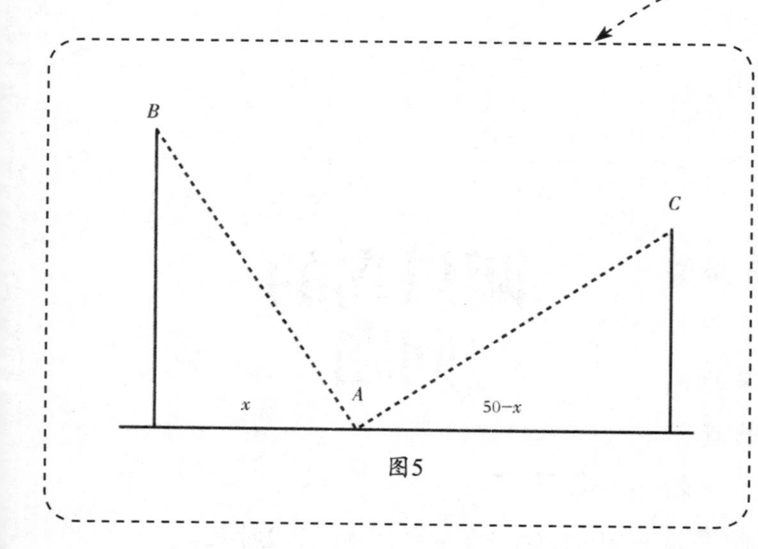

图5

$$AB^2 = 30^2 + x^2$$

$$AC^2 = 20^2 + (50 - x)^2$$

由于两只鸟飞到A处所花的时间相同，可以得到$AB = AC$（此处认为鸟的飞行速度没有差别）。所以

$$30^2 + x^2 = 20^2 + (50 - x)^2$$

经过化简，可以得到

$$100x = 2000$$

所以

$$x=20$$

也就是说，这条鱼距离30肘尺高的棕榈树的树根有20肘尺。

两家的距离

【题目】一位老医生约他的朋友到家里玩。

“好的，谢谢您的邀请。我准备3点钟从家里出发，也请您那时候出门，我想，我们会在半路上相遇的。”

“年轻人，我可是一个老头儿了，我1小时只能走3千米，而你1小时至少也能走4千米。你能让我少走一些路吗？”

“没错，我1小时确实比您多走1千米，这样好了，我比您早动身一刻钟，也就是让您1千米，这样可以吗？”

“嗯，好的。”老医生同意了。

第二天，年轻人在2点45分时从家里出发，他的速度是4千米/小时。老医生则在3点整出门，他的速度是3千米/小时。一段时间后，他们在路上相遇了，之后，他们一起朝着老人的家走去。

等年轻人回到自己家的时候，他计算了一下自己走过的距离，发现由于这一刻钟的差别，他走过的距离刚好是老医生走过距离的4倍。

请问，这两家之间的距离有多远？

【解答】假设两家之间相距x千米。

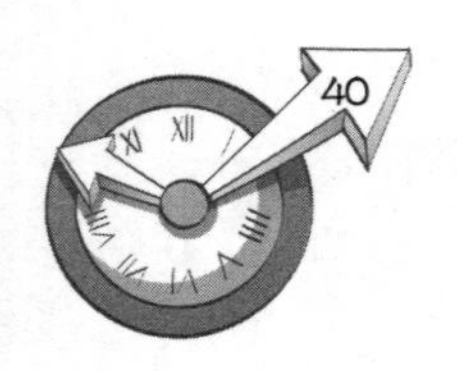

那么，年轻人走过的所有路程就是$2x$千米，由于老人走过的路程只有年轻人的$\frac{1}{4}$，所以老人共走了$\frac{x}{2}$千米。他们相遇时，老人走过的路程是他走过总路程的一半，即$\frac{x}{4}$千米，而年轻人则走了$\frac{3x}{4}$千米。结合两人的速度可以知道，在相遇时，老人花的时间是$\frac{x}{12}$小时，年轻人花的时间是$\frac{3x}{16}$小时。此外，年轻人比老人提前一刻钟出门，即年轻人多花了$\frac{1}{4}$小时的时间。所以，我们可以得出下面的方程：

$$\frac{3x}{16}-\frac{x}{12}=\frac{1}{4}$$

求解方程，可以得出

$$x=2.4$$

也就是说，年轻人和老医生两家相距2.4千米。

割草组共有多少人

【题目】一个割草组接到了一个任务，要把两块草地上的草割掉，其中大块草地的面积是小块草地的2倍。在上午，割草组的所有人都在大块草地上割草；到了下午，他们对半分开，分别到两块草地上去割草。到晚上的时候，大块草地上的草都割完了，小块草地上还剩下一小片，还需要一个人花一天的时间才能割完（图6）。

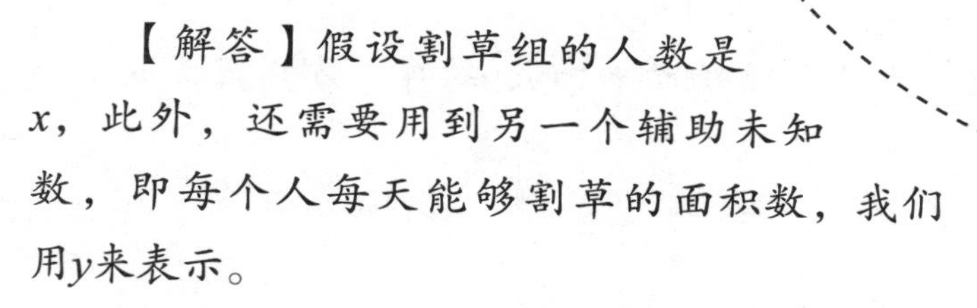

图6

假设割草组所有的人割草速度都一样。请问，这个割草组一共有多少人?

【解答】假设割草组的人数是x，此外，还需要用到另一个辅助未知数，即每个人每天能够割草的面积数，我们用y来表示。

先用x和y表示出大块草地的面积。根据题意，在上午，x个人一共割草的面积是

$$x\times\frac{1}{2}\times y=\frac{xy}{2}$$

在下午，只有一半的人割剩下的草，也就是只有$\frac{x}{2}$个人割草，这些人割的草地面积是

$$\frac{x}{2}\times\frac{1}{2}\times y=\frac{xy}{4}$$

所以，大块草地的面积是

$$\frac{xy}{2}+\frac{xy}{4}=\frac{3xy}{4}$$

再来看小块草地的面积如何用x和y表示。在下午，$\frac{x}{2}$个人在这片草地上面割了半天，那么，他们一共割的面积是

$$\frac{x}{2}\times\frac{1}{2}\times y=\frac{xy}{4}$$

这时，还剩下一小片，它的面积正好是y，也就是一个人在一天的时间里割草的面积。所以，小块草地的面积是

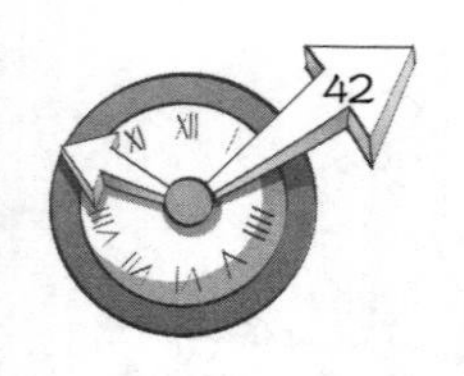

$$\frac{xy}{4}+y=\frac{xy+4y}{4}$$

因为大块草地是小块草地面积的2倍，所以

$$\frac{3xy}{4}=2\times\frac{xy+4y}{4}$$

化简一下，得到

$$\frac{3xy}{xy+4y}=2$$

在这个方程的左边，将辅助未知数y约掉，方程就变成了下面的形式：

$$\frac{3x}{x+4}=2$$

即

$$3x=2x+8$$

解得

$$x=8$$

也就是说，这个割草组一共有8个人。

在本书《趣味代数学》第一版出版后，我收到了A.B.齐格教授寄给我的一封信，他在信中谈到了这道题目，并认为这道题目的意义在于："这道题目不能算是一道代数题，它其实是一道简单的算术题，根本没有必要用这种死板的公式来求解。"

教授还说："关于这道题的来龙去脉，其实是这样的。我的叔叔伊·拉耶夫斯基和列夫·托尔斯泰是非常要好的朋友，以前我的父亲和叔叔一起在莫斯科大学数学系学习。在当时的数学系课程中，根本没有关于教学法的内容，于是，学生们不得不到对口的城市公民中学实习，以便跟那些有经验的中学老师一起探讨教学方法。在他们的同学中，有一位叫彼得罗夫的人。他是一个极具天赋和创新能力的人，不幸的是，由于身患肺痨，他很早就去世了。他就提出过这样的观点：课堂上教的算术不是教会学生学习，而是毁了学生，因为过于僵化的教学模式束缚了学生的思维，使他们只能用固定的方法解决固定的问题。为证明自己的观点，他甚至想出了很多题目。这道割草的题目就是其中之一。这些灵活多变的题目难住了那些‘有经验的优秀的中学老师’。而那些并没有接受刻板教学的学生，却很容易地解答出了这些题目。对于那些有经验的优秀的老师来说，借助方程式或者方程组可以把这道题目解答出来，但事实上只需要通过简单的算术计算，问题就解决了。”

下面来看如何使用简单的算术方法解答这道题。

由于大块草地需要全组的人割半天，再加上半组的人割半天，所以半组人在半天的时间里，一共可以割这块草地的$\frac{1}{3}$。所以，小块草地剩下的那块就是$\frac{1}{2}-\frac{1}{3}=\frac{1}{6}$，而一个人一天恰好可以割完这部分。在一天中全组人一共割草的面积是

$$\frac{6}{6}+\frac{1}{3}=\frac{8}{6}$$

所以，割草组的总人数就是8。

托尔斯泰非常钟爱这类有些变化但又不是很难的问题。当他听到这个题目时，提出该题目还可以通过图形来求解，如图7所示，那是最简单的图，也能让人轻易理解。

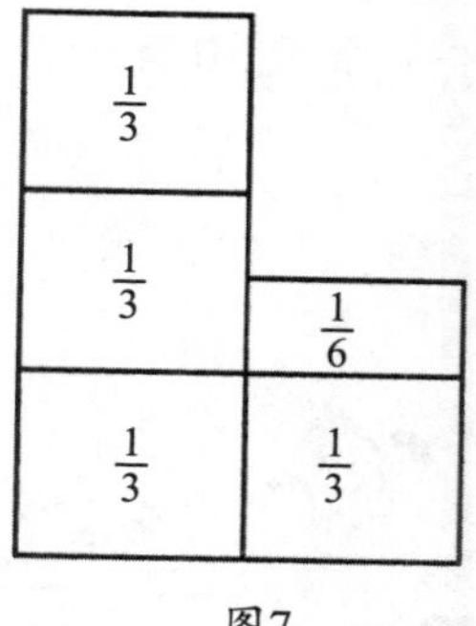

图7

下面再来看几道题目，这些题目都可以用巧妙的算术方法进行求解。

牛吃草问题

【题目】在牛顿的著作《普遍的算术》中，他这样写道："在科学的学习中，题目比规则要有用多了。"因此，当他阐述一些理论的时候，总是会结合实例进行说明。在他所举的实例中，有一个关于牛在牧场上吃草的经典题目，下面介绍的题目就是从这个题目演化而来的：

"牧场上的草长得很均匀，每个地方都一样密，长得一样快。如果是70头牛在这片草地上吃草，24天就可以把草吃完；如果是30头牛，则需要吃60天。现在的问题是，如果想让草地上的草吃96天，牧场上应该有多少头牛？（图8）"

这是契诃夫的著作《家庭教师》中出现的题目，老师把这个题目布置给学生后，学生的两个成年亲戚帮着他做，但是花了很长的时间也没有得出结果，他们感到十分困惑。

其中一个亲戚分析道："真是奇怪，如果70头牛花24天把牧

图8

场里的草吃完，那么要想在96天的时间里把草吃完，牛的数量就是70的$\frac{1}{4}$，也就是$17\frac{1}{4}$头牛。这肯定不对啊！再看后面：30头牛在60天的时间里把草全部吃完，那么，要在96天内把草吃完，就需要$18\frac{3}{4}$头牛，这也明显不对嘛。另外，如果70头牛在24天内把草吃完的话，30头牛要吃完这片草只需要56天，但题目却说需要60天。”

“你可能忘了考虑一个问题，草是一直在生长着的。”另外一个说道。

这个人说得很对，是的，草一直在生长，如果忽略这一点，不仅解答不出这个题目，而且你发现题目给出的条件也是自相矛盾的。

那么，该如何求解这个题目呢？

【解答】这里我们也需要用到一个辅助未知数，即每天长出的草与牧场上草的总量的比值。假设每天长出的草是y，在24天内长出的草就是$24y$。假设牧场上草的总量为1，那么24天内70头牛一共吃的草是

$$1+24y$$

70头牛每天吃掉的草是

$$\frac{1+24y}{24}$$

而一头牛在一天内吃掉的草就是

$$\frac{1+24y}{24\times70}$$

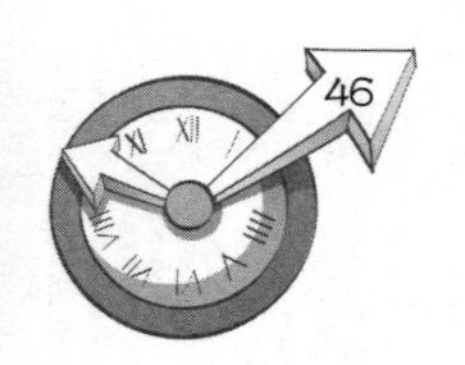

同样的道理，30头牛在60天内把牧场上的草吃完，那么一头牛在一天的时间里吃掉的草就是

$$\frac{1+60y}{60\times30}$$

由于每头牛每天吃的草应该是一样的，所以

$$\frac{1+24y}{24\times70}=\frac{1+60y}{60\times30}$$

于是，可以得出

$$y=\frac{1}{480}$$

也就是说，每天长出的草是整片牧场上草总量的$\frac{1}{480}$。根据它，我们可以计算出一头牛在一天当中吃掉的草占牧场上草的总量的比率是

$$\frac{1+24y}{24\times70}=\frac{1+24\times\frac{1}{480}}{24\times70}=\frac{1}{1600}$$

接下来假设题目所求的牛数为x，那么

$$\frac{1+96\times\frac{1}{480}}{96x}=\frac{1}{1600}$$

解得

$$x=20$$

因此，要想在96天的时间内把牧场上的草全部吃完，需要20头牛。

牛顿著作中的问题

前面那个题目是从牛顿原来的题目改编而来的，下面我们就来看一下牛顿著作中的那个题目。

有3个牧场，它们的面积分别是$3\frac{1}{3}$公顷，10公顷，24公顷。这几个牧场上的草长得都一样密、一样快。在第一个牧场饲养12头牛，里面的草可以吃4个星期；在第二个牧场饲养21头牛，里面的草可以吃9个星期。那么，在第三个牧场饲养多少头牛，里面的草才能恰好够吃18个星期？

【解答】跟前面一样，此处我们引入一个辅助未知数y，用来表示在1星期内每公顷牧场上新长出的草占原来草的总量的比重。首先来看第一个牧场，在1星期内新长出的草是1公顷牧场上原有草总量的$3\frac{1}{3}y$倍，在4个星期里，新长出的草就是1公顷牧场上原有草总量的$3\frac{1}{3}y\times4=\frac{40}{3}y$倍。

这就相当于第一个牧场的面积变大为（$3\frac{1}{3}+\frac{40}{3}y$）公顷。

也就是说，牛在4个星期内吃掉了牧场上面积为（$3\frac{1}{3}+\frac{40}{3}y$）

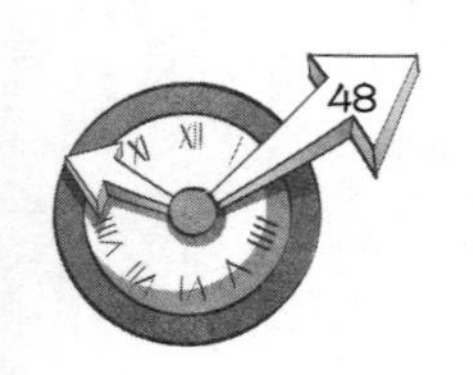

公顷的草。那么，这12头牛在1个星期内吃掉的草为上数的$\frac{1}{4}$，进而，1头牛在1星期的时间内吃掉的草就是上数的$\frac{1}{48}$，即

$$\frac{3\frac{1}{3}+\frac{40}{3}y}{48}=\frac{10+40y}{144}\text{（公顷）}$$

也就是说，1头牛在1星期的时间内一共吃了$\frac{10+40y}{144}$公顷这么大面积的牧场上的草。

同理，可以计算出在第二个牧场上1头牛在1星期的时间内，能吃掉多大面积的牧场上的草。

在1个星期里，1公顷牧场上长出的草是y；

在9个星期里，1公顷牧场上长出的草是$9y$；

在9个星期里，10公顷牧场上长出的草是$90y$。

因此，21头牛在9个星期内吃掉的草，相当于面积为（$10+90y$）公顷的牧场上的草。

从而，1头牛在1个星期内吃的草为$\frac{10+90y}{9\times21}=\frac{10+90y}{189}$公顷。

由于每头牛每个星期的吃草量是相同的，所以

$$\frac{10+40y}{144}=\frac{10+90y}{189}$$

很容易求出

$$y=\frac{1}{12}$$

有了这个数值，下面就可以计算出1头牛在1个星期内的吃草量，即

$$\frac{10+40y}{144}=\frac{10+40\times\frac{1}{12}}{144}=\frac{5}{54}\text{（公顷）}$$

接下来就很容易求出题目所求的量，假设第三个牧场上牛的数量是x，那么

$$\frac{24+24\times18\times\frac{1}{12}}{18x}=\frac{5}{54}$$

解得$x=36$。也就是说，在第三个牧场上饲养36头牛的话，里面的草就可以恰好够吃18个星期。

时针和分针对调

【题目】据说，有一次爱因斯坦生病了，躺在床上很无聊，他的朋友莫希柯夫斯基给他出了一道题目，让他打发时间。题目是这样的：

"有一只钟表，假设表针的初始位置是12点。这时候，如果把钟表的长针和短针对调，它们指示的时间还是在合理范围的。但是，在有的时间，比如6点，如果把表针对调，出现的时间就不对了，因为当时针指着12的时候，分针并不会指着6。问题来了，当分针和时针分别在什么位置时，两针对调后所指的时间还是合理的？"

爱因斯坦听完后答道："对于病床上的人来说，这的确是一

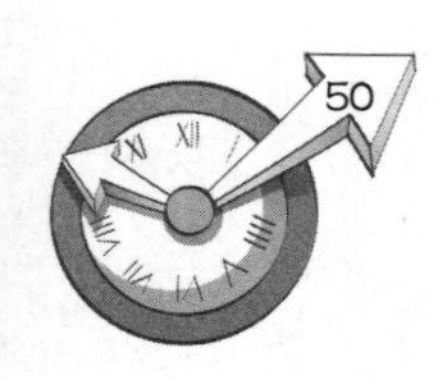

个很好的问题，它很有意思，又不是很简单。只是，我可能消磨不了多少时间，因为我马上就要计算出来了。”

说着，他从床上坐了起来，在纸上画出了一个草图。爱因斯坦解答这个题目所花的时间，可能比我描述这个问题所花的时间还要短……

那么，他是如何解答的呢？

【解答】我们不妨把钟表的一周划分成相等的60份，并以每份为单位，用它来度量表针从12点开始走过的距离。

图9

如图9所示，假设到达题目所求的位置时，时针从12点开始走过x个刻度，分针走过y个刻度。由于时针每过12个小时走过60个刻度，所以它每小时走过5个刻度。那么，它走过x个刻度所花的时间就是$\frac{x}{5}$小时。也就是说，钟表从12点开始走到所求的位置，过去了$\frac{x}{5}$小时。分针走过的刻度是y个，也就是y分钟，相当于$\frac{y}{60}$小时。也就是说，在$\frac{y}{60}$小时之前，分针从12点的位置经过。换句话说，两个指针在12点的位置重合之后，过去的整小时数是（$\frac{x}{5}-\frac{y}{60}$）。

（$\frac{x}{5}-\frac{y}{60}$）一定是0到11之间的整数，因为该数表示在12点以后正好过去了几个小时。

如果把两个指针对调，用同样的方法，我们可以计算出从12

点开始到表针所指的时间过去的整小时数为（$\frac{y}{5}-\frac{x}{60}$）。该数也是一个从0到11的整数。

联立上面的两个方程：

$$\begin{cases}\frac{x}{5}-\frac{y}{60}=m\\ \frac{y}{5}-\frac{x}{60}=n\end{cases}$$

其中，m和n都是从0到11的整数。解这个方程组，可以得出

$$\begin{cases}x=\frac{60(12m+n)}{143}\\ y=\frac{60(12n+m)}{143}\end{cases}$$

如果用0到11中的每个整数来代m和n，就可以得到题目所求的两个表针所指所有的位置。由于m和n都有12个数，它们的组合就是144个，所以看起来该方程好像有144个解，可实际上只有143个，因为当$m=n=0$和$m=n=11$的时候，它们所表示的是同一个时间，即12点。

在这里，我们不打算逐个讨论，只举两个例子来看一下。

例1：当$m=n=1$时，

$$x=\frac{60\times 13}{143}=5\frac{5}{11}，\ y=5\frac{5}{11}$$

即当表针所指的时间是1点$5\frac{5}{11}$分时，两个指针是重合的，它们当然可以进行对调。事实上，所有指针重复的时刻，二者都可以进行对调。

例2：当m=8，n=5时，

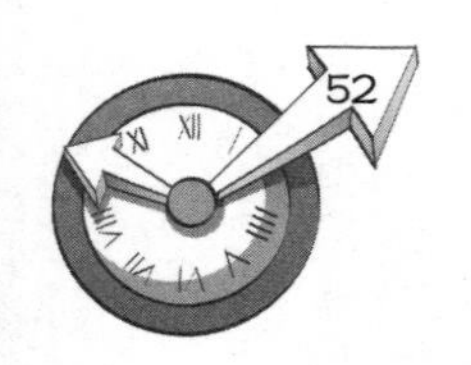

$$x=\frac{60\times(5+12\times8)}{143}\approx42.38,\quad y=\frac{60\times(8+12\times5)}{143}\approx28.53$$

此时对应的时间分别是8点28分53秒和5点42分38秒。

根据前面的分析，该题一共有143个解，我们可以把钟表的圆周分成均等的143份，这样就得到了这143个点。在这些点上，时针和分针可以对调，而在其他的点上，则不能进行对调。

时针和分针重合

【题目】在12小时内，一只正常走动的表的长针和短针重合的点有多少个?

【解答】由上一个问题的分析知道，当时针和分针重合时，它们可以进行对调，而且对调后时间不会有任何变化。此处我们可以利用上个题目的原理来求解本题。两个指针重合，说明从12点开始它们走过的刻度是一样的，即$x=y$。这样，我们就得到了下面的方程：

$$\begin{cases}x=y\\ \dfrac{x}{5}-\dfrac{y}{60}=m\end{cases}$$

其中，m也是从0到11的整数。解这个方程，可以得出

$$x=\frac{60m}{11}$$

把m的12个可能的值代入上面的式子，就可以得出题目的答案。不过，需要说明的是，由于$m=0$和$m=12$时指针都指向12点的位置，所以我们只能得到11个位置点，而不是12个。

猜数游戏中的秘密

读者朋友可能都玩过猜数的游戏。在这种游戏中，出题人一般会让你事先想好一个数，然后进行一些类似下面的运算：加上2，乘以3，减去5，再减去你刚才想的那个数……进行5步或者10步运算之后，他会问你计算的结果，接着，他会立刻告诉你你事先想好的是哪个数。

这种游戏貌似很神秘，其实非常简单，它的原理就是解方程。例如，出题人让你进行右边表格中的运算。

事先想好一个数	x
加上2	$x+2$
乘以3	$3x+6$
减去5	$3x+1$
减去你事先想好的那个数	$2x+1$
乘以2	$4x+2$
减去1	$4x+1$

当你告诉出题人结果的时候，他会立刻说出来你事先想好的那个数，他是怎么知道的呢？

其实方法很简单，只要看一下右边表格中的右边一栏就知道了，出题人事先把让你进行的那些运算变换成代数的语言。例如你事先想好的数是x，

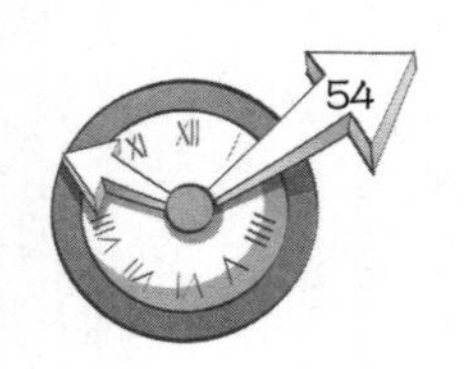

那么经过以上所有运算得到的结果就是（$4x+1$）。

比如你告诉他最后得出的结果是33，出题人就会在心里通过求解方程$4x+1=33$，得出$x=8$。同样，当你告诉他其他结果时，他也是用相同的方法得到答案。

所以，这个游戏其实很简单，出题人事先已经想好如何根据你告诉他的结果，计算出最初你想到的那个数。

明白了这一点，我们还可以对题目进行改进，以便让做游戏的人感到题目更有意思，也更有难度。比如说，你让做游戏的人自己决定采取什么样的运算。让他事先想好一个数，然后任意地进行一些运算（最好不要用除法，这会使游戏变得很复杂）：加上或者减去某个数（比如加上2，减去5，等等），再乘以某个数（比如乘以2或者乘以3，等等），然后再加上或者减去事先想好的那个数……为了把你搞晕，他一定会做很多步运算。举例来说，假设他事先想好的数是5，然后他说：

“首先，我把它乘以2，再加上3，再加上刚才我想的那个数；然后加上1，乘以2，减去刚才想的那个数，再减去3，再减去刚才想的那个数，再减去2。最后，我再把上面运算出的结果乘以2，又加上3。”

他肯定以为把你弄糊涂了，所以，很得意地跟你说：

“最后计算出的结果是49。那么，我事先想好的那个数是多少？”

当你立刻告诉他那个数是5的时候，他一定惊讶得下巴都快掉下来了。

通过前面的分析，你一定想到过程是怎样的了。当他说想好了一个数的时候，你就把这个数假设为x，在他进行运算的时候，你默默地把他的话变换成了代数的语言。比如，当他说“乘以2”时，你心里想的是，现在这个数是$2x$；当他说“加上3”的时候，你心里想的是，现在这个数是（$2x+3$），等等，当把这些运算说完的时候，他以为把你弄乱了。其实，你已经得出了一个含有x的算式，而中间所进行的运算，你一个也没有少。如右表所示。

我想好了一个数	x
把它乘以2	$2x$
加上3	$2x+3$
再加上刚才我想的那个数	$3x+3$
加上1	$3x+4$
乘以2	$6x+8$
减去刚才想的那个数	$5x+8$
减去3	$5x+5$
再减去刚才想的那个数	$4x+5$
再减去2	$4x+3$
把上面运算出的结果乘以2	$8x+6$
又加上3	$8x+9$

当他说完运算过程，你得到一个结果（$8x+9$）。当你听到他说："最后计算出的结果是49。"就会马上得到一个方程 $8x+9=49$。通过求解这个方程，可以很容易得出 $x=5$。所以，你立刻告诉他，他事先想好的数是5。

跟前面的那个游戏比较，这个更有意思。因为这里他所做的运算不是你告诉他的，而是他自己选择的，他想怎么运算都可以。

当然，这个游戏也会有不灵的时候。比如说，当你朋友说了很多步运算之后，你得到的结果是（$x+14$），他又接着说："然后，再减去事先想好的数，最后得到的结果是14。"于是，你跟着他继续计算 $(x+14)-x=14$，此时你只得到一个数14，根本得不到什么方程。这样的话，你就没有办法得出他事先想好的那个数x。如果碰到这样的情况，你不妨这样做，在他说出计算结果前，立刻打断他的话，然后说："等一下！你得到的结果是14，对不对？"当你的朋友听到这个结果的时候，一定以为你有什么神奇的力量！因为他什么也没有告诉你，你就已经知道了结果！虽然你没有得出他事先想好的那个数，但是，他仍然会觉得这个游戏非常有意思。

我想好了一个数	x
加上2	$x+2$
乘以2	$2x+4$
加上3	$2x+7$
减去我刚才想的那个数	$x+7$
加上5	$x+12$
再减去我刚才想的那个数	12

在左表中，我们就举了这样类似的例子。

在这个例子中，最后得出的结果是12，里面根本不含有x。在这种情形下，你便可以打断朋友的话，告诉他最后得到的结果是12。

只需稍加练习，你就可以跟朋友来玩这种游戏了。

“荒唐”的数学题

【题目】下面这个问题，看起来非常荒唐：

假设$8\times 8=$“54”，那么，“84”等于多少?

初看起来，这个题目很奇怪，也似乎没什么意义，其实不然，我们甚至可以利用方程来求解。

【解答】这个题目中的数并不是用十进制表示的，否则，问题“84等于多少”就毫无意义了。假设这里的数是以x进制表示的，那么，“84”这个数就可以表示成如下形式

$$8x+4$$

而“54”则可以表示为

$$5x+4$$

这样就可以得到下面的方程：

$$8\times 8=5x+4$$

即

$$64=5x+4$$

可以得出

$$x=12$$

也就是说，题目中的数是用十二进制表示的，所以

$$84=8\times 12+4=100$$

也就是说，如果8×8=“54”，那么“84”=100。

同样的道理，还可以求解出下面的题目：

假设5×6=“33”，那么“100”等于多少？

答案：这个题目中的数是九进制的，所以容易得出结果是81。

方程比我们考虑得更周密

有时候，方程比我们考虑得更周密。不相信吗？可以试着解答下面的题目：

爸爸今年是32岁，儿子只有5岁。多少年以后，爸爸的年龄是

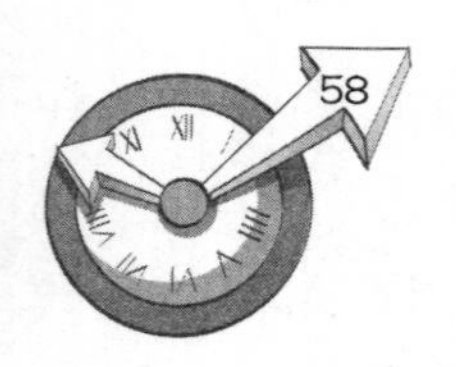

儿子的10倍？

假设要求的年数是x，那么x年后，爸爸的年龄是（$32+x$），而儿子的年龄是（$5+x$）。根据题意，爸爸的年龄是儿子的10倍，可以得到下面的方程：

$$32+x=10(5+x)$$

去括号，很容易得出

$$x=-2$$

最后，得出的x是一个负数，这表示什么意思呢？“-2年以后”就是“2年以前”。在列出这个方程的时候，我们以为结果是几年以后，根本不可能想到这个时间是在2年以前，而在以后绝对不可能有“爸爸的年龄是儿子的10倍”这样的时候。所以，这里的方程比我们考虑得更周密，它会提醒我们关注一些容易被忽略掉的细节。

古怪的数学题

在解方程的时候，可能会遇到一些情况，那些没有丰富数学经验的人会显得不知所措，下面就来举几个这样的例子。

例1：

有一个两位数，它十位上的数字比个位上的数字小4。如果把十位和个位上的数字对调，新得到的两位数比原来的两位数多27。求这个两位数。

假设这个两位数十位上的数字为x，个位上的数字为y，根据题意，可以得到下面的方程组：

$$\begin{cases} x = y - 4 \\ (10y + x) - (10x + y) = 27 \end{cases}$$

将第一个方程代入第二个方程，可以得到下面的方程：

$$[10y + (y-4)] - [10(y-4) + y] = 27$$

化简得到

$$36=27$$

也就是说，我们不仅没有得出x和y的值，反而得到了一个矛盾的等式36=27，这是为什么呢？

这说明，要求的两位数是不存在的，因为方程组中的两个方程是矛盾的。化简第一个方程得到

$$y-x=4$$

化简第二个方程，得到

$$y-x=3$$

上面两个方程的左边都是（$y-x$），但是，第一个方程的右边是4，而第二个方程的右边是3，这显然是矛盾的。

在求解下面的方程组时，也会遇到类似的问题：

$$\begin{cases} x^2y^2 = 8 \\ xy = 4 \end{cases}$$

两个方程两端分别相除，可以得到下面的方程：

$$xy = 2$$

而第二个方程为$xy = 4$，通过对比，可以得出这样的结论“4=2”，这显然也是不可能的。所以，满足这个方程组的数也是不存在的。一般我们称这种情况为“不相容”方程组或者“矛盾”方程组。

例2：

把例1中的已知条件稍加改变，又会遇到另一种意外的情形。比如说，已知这个两位数十位上的数字比个位上的数字小3，而不是小4，其他条件不变，求这个两位数。

假设这个两位数十位上的数字为x，个位上的数字则为（$x+3$），可得到类似例1中的方程：

$$[10(x+3)+x]-[10x+(x+3)]=27$$

通过计算，可以得出

$$27=27$$

显然，这个等式是恒等式，可是，我们并没有求出x的值。这是不是也说明不存在这样的两位数呢?

其实，正好相反，这个恒等式说明，不管x的值是多少，方程永远成立。事实上，很容易验证这一点，题目中讲到的已知条件，对于任何一个十位上的数字比个位上的数字小3的两位数来说，都是成立的。比如

$$41-14=27,$$

$$52-25=27,$$

$$63-36=27,$$

$$74-47=27,$$

$$85-58=27,$$

$$96-69=27。$$

例3：

有一个3位数，它满足以下条件：

（1）十位上的数字为7；

（2）百位上的数字比个位上的数字小4；

（3）如果把这个三位数颠倒过来写（即个位与百位上的数字互

换），新得到的数比原来的3位数大396。

求这个3位数。

先列出方程。设这个3位数个位上的数字为x，那么

$$100x+70+x-4-[100(x-4)+70+x]=396$$

化简上面的方程，得到

$$396=396$$

通过例2的经验，我们知道这个结果表示：任意一个3位数，只要它百位上的数字比个位上的数字小4（十位上的数字是多少并没有关系），那么，如果把这个3位数颠倒过来写，得到的新数就会比原来的那个数大396。

以上讨论的这些题目都是比较抽象的，之所以举这样的例子，就是为了帮助读者朋友养成一个习惯：遇到这样的问题，只要把方程列出来，剩下的就是求解方程的问题了。现在，我们已经有了这样的理论知识，接下来就可以解决日常生活、体育或者军事方面的一些实际问题了。

理发店里的数学题

【题目】读者可能觉得不可思议，在理发店里也有代数吗？确实如此，下面是具体的经过。有一天，我到理发店理发，这时，理发师

来到我身边，提出了一个问题：

“你能帮我们一个忙吗？有个问题困扰我们很久了，我们实在找不到解决的方法。”

“为了解答这个问题，我们浪费了很多溶液。”旁边一位理发师插嘴说道。

“到底是个什么问题呢？说来听听。”我说道。

“我们有两种浓度的过氧化氢溶液，一种是30%的，另一种是3%的。现在我们想配成浓度为12%的溶液，但无论如何也找不到恰当的比例。”

他们给我拿来一张纸，让我计算出这个比例。

这个题目并不难，那么，该怎么做呢？

【解答】当然可以用算术的方法来解决这个问题，但是这里用代数的方法会更简单一些。为配成12%的溶液，假设需要x克浓度为3%的溶液，y克浓度为30%的溶液。那么，在$(x+y)$克溶液中，过氧化氢的质量为$(0.03x+0.3y)$克，

混合后的溶液质量是$(x+y)$克，而此时溶液的浓度是12%，所以过氧化氢的质量应该是$0.12(x+y)$克。

于是，得到下面的方程：

$$0.03x+0.3y=0.12(x+y)$$

解这个方程，可以得出

$$x=2y$$

也就是说，在取这两种溶液的时候，只要保证浓度为3%的溶液的量是浓度为30%的溶液的2倍即可。

电车多长时间发出一辆

【题目】有一天，我沿着电车路散步，通过观察我发现，每隔12分钟就会有一辆电车从我身后开过来。而每隔4分钟又会有一辆电车从我对面开过来。

假设电车和我都是匀速行进的。请问，电车是每隔几分钟从起始站发出一辆？

【解答】假设每隔x分钟从起始站发出一辆电车。也就是说，在某一辆电车追上我的地方，x分钟之后，第二辆电车会开到。第二辆电车要想追上我，就要在$(12-x)$分钟的时间里走完我在12分钟里走的路程。也就是说，我1分钟走过的路程，电车只需要$\frac{12-x}{12}$分钟就可以走完。

如果电车是从对面开过来，在第一辆开过去4分钟之后，又开过来第二辆电车，也就是说，第二辆电车需要在剩下的$(x-4)$分钟里，走完我4分钟走过的路程。所以，我1分钟走过的路程，电车只需要$\frac{x-4}{4}$分钟就可以走完。

由此可以得到如下的方程：

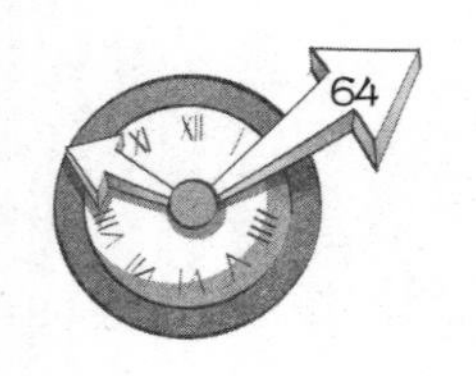

$$\frac{12-x}{12}=\frac{x-4}{4}$$

解方程，可以得出

$$x=6$$

也就是说，每隔6分钟，就会从起始站开出一辆电车。

该题还可以用别的方法来求解，也就是算术方法。假设前后开出的两辆电车间的距离是a，如果电车是从对面开过来的，由于每隔4分钟就过去一辆，那么，我和对面开过来的车之间的距离是缩短的，每隔1分钟，这个距离就缩短$\frac{a}{4}$。同样的道理，如果电车是从我身后开过来的，那么在1分钟的时间里，我和这辆电车之间的距离就会缩短$\frac{a}{12}$。

假设现在的情形是：我往前走了1分钟之后，又马上回头朝着来时的方向走1分钟，也就是说，我又回到了开始的那个地方。这样的话，在第1分钟里，当电车从我的对面开过来的时候，我和电车之间的距离就缩短了$\frac{a}{4}$；在第2分钟里，刚才对面开过来的那辆电车开始从我的身后追我，在这个时间里，它和我之间的距离缩短了$\frac{a}{12}$。也就是说，在这2分钟的时间里，我和这辆电车之间的距离缩短了$\frac{a}{4}+\frac{a}{12}=\frac{a}{3}$。如果我刚才站在原地不动，那么2分钟后，这辆电车跟我之间的距离也缩短了$\frac{a}{3}$。如果我站在原地不动，那么在1分钟的时间里，电车和我之间的距离就会缩短$\frac{a}{3}\div 2=\frac{a}{6}$，换句话说，要走完全部路程$a$，电车需要的时间是6分钟。这就说明，对于一个站在某个地方不动的人来说，电车每隔6分钟就会开过去一辆。

乘木筏需要多久

【题目】河岸有两座城市，分别是A城和B城，B城在A城的下游方向。有一艘轮船，从A城行驶到B城花了5个小时。返回的时候，由于是逆流行驶，花了7个小时。如果乘坐一艘木筏（相当于以水流的速度行驶）从A城到B城去，需要多长时间？

【解答】假设轮船在静水中从A城行驶到B城需要x小时，再假设乘坐木筏从A城到B城的时间是y小时。那么，在1个小时的时间里，轮船行驶了两城之间距离的$\frac{1}{x}$，而木筏行驶的路程是两城之间距离的$\frac{1}{y}$。所以，在1小时的时间里，轮船在顺水时行驶的路程是两城之间距离的（$\frac{1}{x}+\frac{1}{y}$），在逆水时行驶的路程是两城之间距离的（$\frac{1}{x}-\frac{1}{y}$）。由于顺水时轮船在1小时的时间里行驶的路程是两城之间距离的$\frac{1}{5}$，而逆水时，这个数值是$\frac{1}{7}$，由此，可以得下面的方程组：

$$\begin{cases}\frac{1}{x}+\frac{1}{y}=\frac{1}{5}\\ \frac{1}{x}-\frac{1}{y}=\frac{1}{7}\end{cases}$$

把方程组中的两个方程相减，就可以求出y的值，即

$$\frac{2}{y}=\frac{2}{35}$$

$$y=35$$

也就是说，如果乘坐木筏从A城到B城，要花35个小时。

咖啡的净重

【题目】两个形状和材质都相同的罐子，里面都装满了咖啡。已知其中一个重2千克，高度12厘米；另一个重1千克，高度9.5厘米。那么，每罐里面的咖啡净重多少？

【解答】设大罐里面的咖啡重x千克，小罐里面重y千克，还设两个罐子自身的重量分别是z千克和t千克。那么，得到方程组：

$$\begin{cases}x+z=2\\y+t=1\end{cases}$$

根据已知条件，罐子里面装满了咖啡，那么，里面咖啡的质量之比就等于它们的体积之比，即跟高的立方成正比，所以

$$\frac{x}{y}=\frac{12^3}{9.5^3}\approx 2.02$$

即

$$x\approx 2.02y$$

而两个罐子自身的质量之比等于它们的表面积之比，也就是跟高的平方成正比，所以

$$\frac{z}{t}=\frac{12^2}{9.5^2}\approx 1.60$$

即

$$z\approx 1.60t$$

把这两个式子分别代入前面的方程组中，得到下面的方程组：

$$\begin{cases}2.02y+1.60t=2\\ y+t=1\end{cases}$$

解这个方程组，可以得出：

$$y=\frac{20}{21}=0.95$$

$$t=0.05$$

进而得出

$$x=1.92$$

$$z=0.08$$

也就是说，如果不算外包装的质量，大罐咖啡的净重是1.92千克，小罐咖啡的净重是0.95千克。

晚会上有多少跳舞的男士

【题目】晚会上有20个跳舞的人。玛利亚一共跟7个男伴跳过舞，奥尔加和8个男伴跳过，薇拉和9个男伴跳

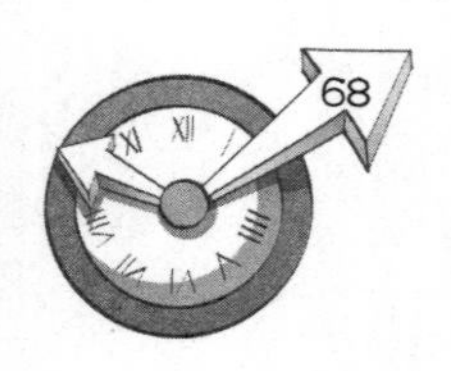

过……依此类推，尼娜则跟所有的男伴都跳过舞。那么，在晚会上一共有多少个跳舞的男士？

【解答】解答该题的关键是选择好未知数。假设跳舞的女士一共有x个，那么，就会有如下的关系：

第（1）位女士玛利亚，跟（6+1）个男伴跳过舞；

第（2）位女士奥尔加，跟（6+2）个男伴跳过舞；

第（3）位女士薇拉，跟（6+3）个男伴跳过舞；

……

第（x）位女士尼娜，跟（$6+x$）个男伴跳过舞。

由此可以得到下面的方程：

$$x+(6+x)=20$$

解得

$$x=7$$

从而

$$20-7=13$$

也就是说，跳舞的男士一共有13个。

侦察船多久返回

【题目】一个舰队中有一艘侦察船，它奉命勘察舰队前方70英里的海面（图10）。假设舰队的行驶速度是35英里／小时，侦察船的行驶速度是70英里／小时。那么，多长时间之后，这艘侦察船会再回到舰队之中？

【解答】设x个小时后，侦察船会再回到舰队中。在这段时间内，舰队行驶了$35x$英里，侦察船行驶了$70x$英里。这期间，侦察船在向前行驶了70英里后，又返回来行驶了一段距离，侦察船与舰队行驶的路程一共为（$70x+35x$）英里，这段路程也等于（2×70）英里。所以，可以得到下面的方程：

图10

$$70x+35x=140$$

解方程，可得

$$x=1\frac{1}{3}$$

也就是说，经过1小时20分钟后，侦察船就可以回到舰队之中。

【题目】一个舰队中的侦察船接到命令，要求到整个舰队航向的前方去执行侦察任务，而且要在3小时之内回到舰队之中。假设侦察船的速度是60海里／小时，而整个舰队的航行速度是40海里／小时。那么，侦察船在离开舰队后多长时间就要往回赶？

【解答】设侦察船离开舰队x小时后就得往回赶，也就是说，侦察船离开舰队向前行驶了x小时，然后又往回行驶了（$3-x$）

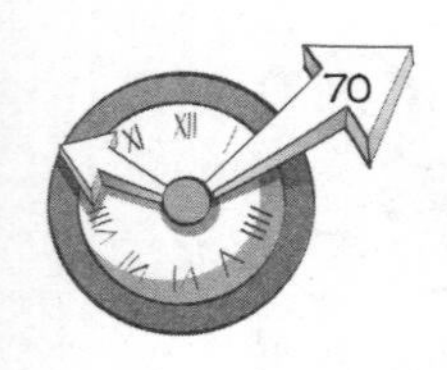

小时。在这x小时里，侦察船和整个舰队是同方向行驶的，所以它们行驶的路程差就是$60x-40x=20x$海里。

侦察船掉头后，它朝着舰队行驶了$60(3-x)$海里。而在这段时间里，舰队行驶了$40(3-x)$海里。根据之前分析，它们之间的距离是$20x$海里。所以

$$60(3-x)+40(3-x)=20x$$

解方程得

$$x=2\frac{1}{2}$$

也就是说，侦察船必须在离开舰队2小时30分之后掉头往回赶。

自行车手的速度

【题目】在一个圆形的自行车赛道上，两个骑自行车的人都以匀速前进。如果他们朝相反的方向骑行，每隔10秒就会相遇一次；如果他们朝同方向骑行，每隔170秒其中一个人就会追上另一个人。假设这个赛道的长度为170米，那么，这两个人骑行的速度分别是多少？

【解答】设第一个人的骑行速度为x米／秒。当两人朝相反方向骑行时，在10秒的时间里，第一个人前进了$10x$米。当两人

相遇时，第二个人前进了赛道剩余的部分，也就是$(170-10x)$米。再设第二个人的骑行速度为y米／秒，那么在10秒内他前进了$10y$米。所以，有下面的关系：

$$170-10x=10y$$

当两个人朝同方向骑行时，在170秒的时间里，他们骑行的距离分别是$170x$米和$170y$米。不妨假设第一个人的速度快些，那么从第一次追上到下一次追上，第一个人比第二个人多骑了一圈，即

$$170x-170y=170$$

联立上面的两个方程，得出

$$\begin{cases}x+y=17\\x-y=1\end{cases}$$

容易求出

$$x=9$$
$$y=8$$

即第一个人的骑行速度是9米／秒，第二个人的骑行速度是8米／秒。

摩托车比赛问题

【题目】3辆摩托车进行骑行比赛，其中第二辆摩托车的速度比第一辆慢15千米／小时，比第三辆快3千米／小

时。三辆摩托车同时发动，已知第二辆到达终点的时间比第一辆晚了12分钟，但比第三辆早了3分钟，而且中途都没有停下来过。

请问：

（1）比赛的全程是多少千米？

（2）每辆摩托车的行驶速度是多少？

（3）每辆摩托车跑完全程花了多长时间？

【解答】初看起来，题目的问题很多，要求的未知数也很多，事实上，我们只要求出其中的两个，就可以得出所有的未知数。

设第二辆摩托车的速度x千米／小时。那么，第一辆摩托车的速度就是$(x+15)$千米／小时，而第三辆的速度是$(x-3)$千米／小时。

再设比赛的路程全长为y千米，则3辆摩托车跑完全程所花的时间（单位：小时）分别为：

第一辆摩托车：$\frac{y}{x+15}$

第二辆摩托车：$\frac{y}{x}$

第三辆摩托车：$\frac{y}{x-3}$

由于第二辆摩托车比第一辆多花了12分钟，也就是$\frac{1}{5}$小时。所以

$$\frac{y}{x}-\frac{y}{x+15}=\frac{1}{5}$$

而第三辆摩托车比第二辆多花了3分钟，也就是$\frac{1}{20}$小时，所以

$$\frac{y}{x-3}-\frac{y}{x}=\frac{1}{20}$$

在第二个方程的两边乘以4，然后分别减去第一个方程的两边，可以得到

$$\frac{y}{x}-\frac{y}{x+15}-4(\frac{y}{x-3}-\frac{y}{x})=0$$

很显然，$y\neq 0$，把上面的方程用y除并去分母后，可以得到

$$(x+15)(x-3)-x(x-3)-4x(x+15)+4(x+15)(x-3)=0$$

去掉括号，化简可得

$$3x-225=0$$

解得

$$x=75$$

把x的值代入第一个方程，得到

$$\frac{y}{75}-\frac{y}{75+15}=\frac{1}{5}$$

解得

$$y=90$$

根据x与y的值，很容易求出这3辆摩托车的速度依次为：90千米／小时，75千米／小时和72千米／小时；而比赛的全程为90千米。

进而可以求出3辆摩托车跑完全程所花的时间依次为：1小时，1小时12分和1小时15分。

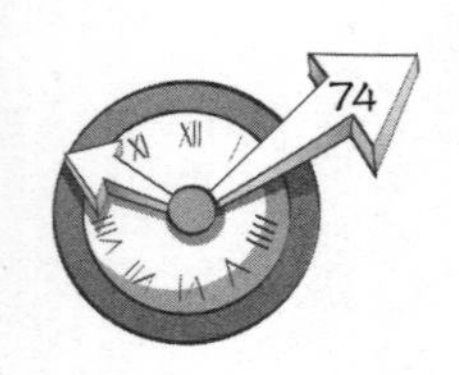

汽车的平均行驶速度

【题目】一辆汽车从A城开往B城，它的行驶速度是60千米／小时。之后它又以40千米／小时的速度从B城返回A城。那么，它的平均速度是多少？

【解答】初看起来，这个题目似乎很简单，很容易把大家引到错误的方向上去。很多人没有真正理解题目的意思，而是直接求60和40这两个数的算术平均值，即

$$\frac{60+40}{2}=50$$

如果汽车在来回的路上所花的时间相等，这个答案是正确的。但是，这是不可能的，因为它行驶的速度不一样，所以从B城返回A城时所花的时间肯定比较长。

其实，我们仍然可以通过方程来求解这个题目。设这两个城市之间的距离为l，所求的平均速度为x，则可以得到下面的方程

$$\frac{2l}{x}=\frac{l}{60}+\frac{l}{40}$$

显然，$l\neq 0$，在方程的两边都除以l，得到

$$\frac{2}{x}=\frac{1}{60}+\frac{1}{40}$$

容易求得

$$x=\frac{2}{\frac{1}{60}+\frac{1}{40}}=48$$

即正确的答案是48千米／小时，而不是50千米／小时。

如果把上面的两个速度都用字母表示，去时的速度为a千米／小时，回来时的速度为b千米／小时，则所求的x值为

$$x=\frac{2}{\frac{1}{a}+\frac{1}{b}}$$

在代数上，把这个值称为a与b的调和平均值。

可见，汽车的平均行驶速度并不是算术平均值，而是两个速度的调和平均值。当a和b都为正值时，调和平均值总是比算术平均值$\frac{a+b}{2}$要小，就像上面所举的例子一样。

老式计算机的工作原理

随着科技的进步，计算机技术得到了飞速发展，现在来探讨一下老式计算机是如何工作的，然后用老式计算机来求解方程。在前面的章节中我们知道，计算机能完成很多任务，比如下象棋，计算机还可以完成一些其他的任务，比

如进行语言的翻译，甚至演奏出美妙的乐曲等。只要事先编写好程序，计算机就会按照这些程序来工作。

在此我们不打算去研究那些下象棋或者翻译的程序，因为它们相当复杂。我们只介绍两个比较简单的程序，看看计算机是如何工作的。在此之前，先来看一下计算机的构造。

我们已经知道，计算机可以在1秒内完成上万次的运算。在计算机中，完成这一功能的装置称为运算器。另外，计算机还包括控制器和记忆装置——存储器，常用存储器来存放数据或者信号。当然，计算机还包括一些用来输入、输出的装置。通常来说，这些结果都通过打印机打印到卡片或者纸张上。

我们可以把声音记录在唱片或者胶卷上，以便以后重新播放。但是，如果在唱片上录音，通常只能录一次，唱片不能反复录音。有时候，我们还会把声音记录在磁带上。磁带有一个好处，可以擦掉重新录。在同一根磁带上可以重复录音，只需要把以前的录音擦掉就可以了。

计算机的记忆装置就是根据以上的原理进行工作的。数据以及电、磁、机械等信号，被写在专用的硒鼓、磁带或者别的记忆装置上。当需要这些数据或者信号的时候，就把它们“读”出来。当不需要以前的数据和信号时，就可以把它们擦掉，再写上新的数据和信号。对于计算机来说，完成这些操作只需要不到0.1秒。

存储器由几千个单元组成，而每个单元又包含几十个用来存储的元件，比如磁性元件。计算机存储的都是二进制数，我们规定数字“1”用磁化了的元件表示，数字“0”用没有磁化的元件表示。比如，一个存储单元（表示一个二进制数）由25个元件组成，通常用第一个元件表示这个数的符号，即正或负，接下来的14个元件用来存储这个数的整数部分，后面的10个元件用来存储小数部分。如图11所示，这是一个简单的存储器，它由两个单元组成，每个单元有25个元件。“+”号表示磁化了的元件，“－”号表示没有磁化的元件，此外，一般用逗号表示小数点。在图11中上边的单元中，用虚线把表示符号的第一位和其他位分开，我们可以读出这个二进制数为+1011.01，如果换算成十进制数，就是11.25。

操作 Ⅰ Ⅱ Ⅲ

图11

在存储单元中，除了数据，还可以写入指令，程序就是由这些指令组成的。下面，我们就来看一下通常所说的三地址计算机的指令。为了写入指令，通常把存储单元分成4部分，如图11中下面的单元所示，每段用虚线隔开。第一部分表示操作，它是以数的形式写在存储单元里的。例如：

加——操作Ⅰ，

减——操作Ⅱ，

乘——操作Ⅲ，

……

可以这么理解指令：存储单元中的第一部分为操作码；第二部分和第三部分为编号，或者说地址码，要想进行操作，就需要从这两部分中取出需要的数；第四部分是用来存放运算结果的地址码。例如，在图11的下行中写进的二进制数是11，11，111，1011，换算成十进制数就是3，3，7，11，它们的意思是：对3号和7号存储单元中的数执行操作Ⅲ，也就是进行乘法运算，最后得出的结果写入11号存储单元中。

如果不用二进制数，而是直接用十进制数，那么要执行上面的指令，就可以写成下面的形式：

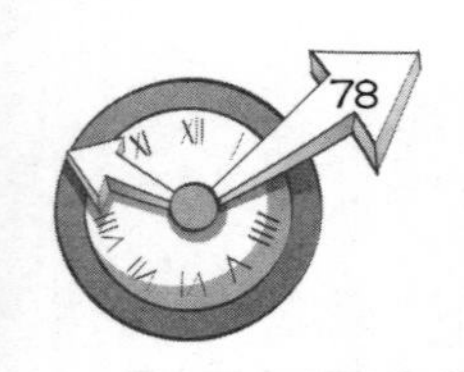

乘 3 7 11

下面，我们来看两个非常简单的程序。

程序1：

（1）加　4　5 4

（2）乘　4　4 →

（3）转移　　1

（4）0

（5）1

那么，计算机是如何工作的呢？从这里可以看出，在计算机的前5个存储单元中，存放着上面的数据和指令。

第1条指令：把存放在4号和5号存储单元中的数进行加法运算，然后把计算结果送回到4号单元中，覆盖掉原来的数据。也就是说，把0+1的结果“1”写入4号存储单元。这样，第一条指令就完成了，这时候，4号和5号存储单元里的数据就变为：

（4）　　1

（5）　　1

第2条指令：把存放在4号单元中的数据“1”跟自己相乘，也就是进行平方运算，然后把结果1输出到卡片上（这里的箭头“→”表示输出）。

第3条指令：转移到1号单元。这里用到了一个转移指令，它的意思是，返回第1条指令，重复执行每一条指令。

第1条指令：把存放在4号和5号存储单元中的数进行加法运算，把结果送回到4号单元中。现在4号单元中的数据变成了2，即

（4）　　2

（5）　　1

第2条指令：把存放在4号单元中的数据“2”跟自己相乘，把结果4输出到卡片上。

第3条指令：转移到1号单元，重复执行第1条指令。

第1条指令：把数据“3”送到4号单元中，即

（4）　　3

（5）　　1

第2条指令：把$3^2=9$输出到卡片上。

第3条指令：转移到1号单元。

……

从以上的分析可以看出，机器依次对整数进行平方运算，并把结果输出到卡片上。我们不需要自己动手来写计算出的数据，机器会自动取出所有的整数，并把它们进行平方运算。通过这个程序，机器可以在很短的时间内完成1到10000的平方运算。

需要指出的是，这里我们把程序进行了简化，实际程序比刚才列出来的要复杂得多。特别是在第2条指令中，机器把结果输出到卡片上需要的时间比计算一次所用的时间多得多。所以，通常先把结果寄存到一些空的存储单元中，然后再慢慢地输出到卡片上。在上面的例子中，第一次运算出的结果寄存到1号空单元中，第二次的结果寄存到2号空单元中，第三次的结果寄存到3号空单元中，等等。在前面的程序1中，我们并没有把这一点考虑进去。

除此之外，由于存储单元是有限的，所以机器不可能无休止地进行这种平方运算。在上面的程序中，我们无法确定机器是否已经完成了我们需要的数据，所以，这就需要在程序中增加一条指令，使机器在需要的时候能够及时停止程序的运行。比如，我们希望机器完成从1到10000的平方运算后自动停止。

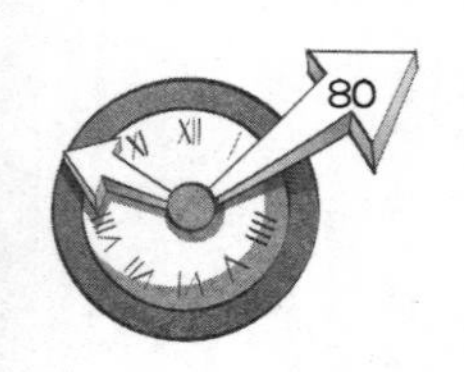

当然，很多指令要复杂得多，这里就不介绍了。

下面的程序就是用来对1到10000中所有整数进行平方运算：

程序1（*a*）：

（1） 加　　　8　9　8

（2） 乘　　　8　8　10

（3） 加　　　2　6　2

（4） 条件转移　8　7　1

（5） 停

（6）　　　　0　0　1

（7） 10000

（8） 0

（9） 1

（10） 0

（11） 0

（12） 0

第1条和第2条指令跟前面的程序1一样，执行完这两条指令后，8，9，10号单元中的数据将是：

（8） 1

（9） 1

（10） 1^2

第3条指令：这条指令很有趣，它对2号和6号单元中的数进行相加，然后把结果送到2号单元，这样，2号单元中的数据就变成：

（2） 乘　　　8　8　11

也就是说，执行完第3条指令后，第2条指令中有一个地址变了。在后面我们会说明这么做的原因。

第4条指令：这里的“条件转移”就相当于前面程序1中的第3条指令，该指令是这样操作的：如果8号单元中的数据比7号单元中的数据小，就返回到第1条指令；否则，就执行下面的第5条指令。由于现在的情形是1<10000，所以，继续执行第1条指令。

执行完第1条指令后，8号单元中的数据变为2。

现在第2条指令中的内容为：

（2）乘　　　8　8　11

它的意思是：把2^2送到11号单元中。现在我们可以看出为什么有第3条指令了，因为10号单元被占用了，所以新产生的数据2^2不能再送到10号单元，而是送到下一个单元中。执行完第1条和第2条指令后，8至11号单元中的数据变为：

（8）2

（9）1

（10）1^2

（11）2^2

执行完第3条指令后，2号单元中的指令变为：

（2）乘　　　8　8　12

这时候，8号单元中的数据仍然比7号单元中的“10000”小，所以，继续执行第1条指令。

执行完第1条和第2条指令后，8号至12号单元中的数据变成：

（8）3

（9）1

（10）1^2

（11）2^2

（12）3^2

……

只要8号单元中的数据比7号单元中的“10000”小，程序就会一直执行下去，只有当8号单元中的数据变成“10000”时，也就是把从1到10000中所有的整数进行了平方运算，程序才会停止执行。这时，由于8号单元中的数据不再小于7号单元中的“10000”，所以，第4条指令不再转移到1号单元，机器会往下执行第5条指令：停止。

下面来研究一个复杂些的程序：解方程组。为简单起见，这里只列出一个简化的程序，如果读者朋友对此感兴趣，可以自己写出这个程序。

假设有一个方程组：

$$\begin{cases} ax+by=c \\ dx+ey=f \end{cases}$$

这个方程组并不难求解，容易得出：

$$x=\frac{ce-bf}{ae-bd}$$

$$y=\frac{af-cd}{ae-bd}$$

一般情况下，手动求解这个方程组至少需要几十秒的时间。但如果交给计算机，它可以在1秒的时间里完成几百个这类方程组的求解。

下面，我们就来看一下求解方程组的程序。假设有很多个方程组，如图12所示，方程组中的 a,b,c,d,e,f,a',b',c'…… 都是已知数。程序如下：

程序2：

（1）× 28 30 20

（2）× 27 31 21

（3）× 26 30 22

（4）× 27 29 23

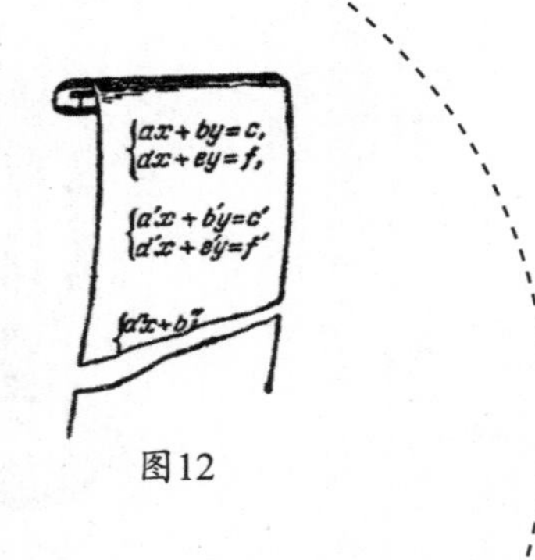

图12

（5）×	26	31	24
（6）×	28	29	25
（7）–	20	21	20
（8）–	22	23	21
（9）–	24	25	22
（10）÷	20	21	→
（11）÷	22	21	→
（12）+	1	19	1
（13）+	2	19	2
（14）+	3	19	3
（15）+	4	19	4
（16）+	5	19	5
（17）+	6	19	6
（18）转移			1
（19）	6	6	0
（20）	0		
（21）	0		
（22）	0		
（23）	0		
（24）	0		
（25）	0		
（26）	*a*		
（27）	*b*		
（28）	*c*		
（29）	*d*		

（30） e

（31） f

（32） a'

（33） b'

（34） c'

（35） d'

（36） e'

（37） f'

（38） a''

……

第1条指令：把28号和30号单元中的数据进行乘法运算，把得到的乘积送入20号单元。也就是说，把数据ce写入20号单元。

然后，按顺序执行第2条到第6条指令。执行完这5条指令后，20号到25号单元中的数据变成：

（20） ce

（21） bf

（22） ae

（23） bd

（24） af

（25） cd

第7条指令：用20号单元中的数据减去21号单元中的数据，然后把结果（ce-bf）送到20号单元中。

依次执行第8条和第9条指令。于是，20号至22号单元中的数据变成：

（20） $ce-bf$

（21） $ae-bd$

（22） $af-cd$

第10条和第11条指令：进行除法运算

$$\frac{ce-bf}{ae-bd}$$

$$\frac{af-cd}{ae-bd}$$

并把结果输出到卡片上，这就是上面方程组的解。

这样，就解出了第一个方程。读者可能会问，既然已经解出了方程，那后面的指令是干什么用的？其实，后面的指令是用来求解后面的方程组的。我们不妨再来看看这个过程是如何进行的。

第12条到第17条指令的意思是，把1号到6号存储单元中的数与19号单元中的数进行加法运算，并把结果送到1号至6号单元中。执行完这些指令后，1号到6号单元变为：

（1）× 34 36 20

（2）× 33 37 21

（3）× 32 36 22

（4）× 33 35 23

（5）× 32 37 24

（6）× 34 35 25

第18条指令：转移至1号单元。

可以看出，1号到6号单元中的内容变化了，那它们跟原来的内容区别在哪儿呢？在这些单元中，原来的地址编号为26至31，现在变成了32至37。也就是说，机器会重复刚才的运算，但是，这次不再从26号至31号单元中提取数据，而是从32号至37号单元中提取，这里存放着第二个方程组的系数。这样，机器就会把第二个方程组解出来。同样的道理，可以解出

第三个、第四个……依此类推。

从以上的讨论可以看出，程序编写得是否正确，对于解决问题非常重要。机器本身一无所知，它仅仅是按照程序来执行。除了上面求解方程组的程序，还有开方的程序、求对数的程序、求正弦的程序、求解高次方程的程序等。前面的章节中，我们还提到了下象棋的程序、翻译的程序等。很多程序都可以用机器解决，问题越难，程序也越复杂。

本节的最后，我们还要说明一点，有一种程序，可以用它来编写程序。借助这个程序，机器可以自动编写出一些解题程序来，这样就大大减轻了人们的负担，要知道，编写程序是一项很繁重的工作。

Chapter 3 算术的好帮手——速乘法

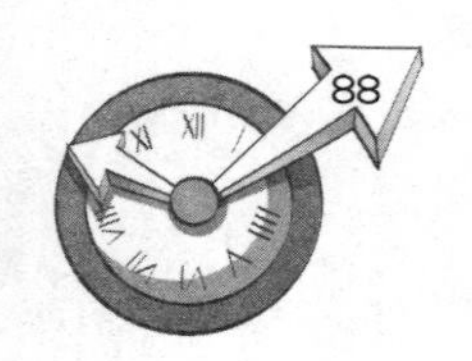

了解速乘法

对算术来讲，要想严格证明其中某些判断是否正确，并不能依靠它自身进行，这就需要用到代数的方法。比如说，有些简便的算法，某些数字的有趣特性，判断一个数是否能被整除，等等，这些算术命题往往需要用代数方法来进行证明。

为了简化计算，运算熟练的人常常借助一些简单的代数变换来减少计算量，比如要计算988^2。

可以用以下方法计算：

$$\begin{aligned}988^2 &= 988 \times 988 \\ &= (988+12)(988-12)+12^2 \\ &= 1000 \times 976 + 144 = 976144\end{aligned}$$

很明显，此处用到了如下的代数变换：

$$a^2=(a+b)(a-b)+b^2$$

有了上面的公式，我们可以进行很多类似的运算。比如

$27^2=(27+3)(27-3)+3^2=729$，

$63^2=(63+3)(63-3)+3^2=3969$，

$18^2=20\times16+2^2=324$，

$37^2=40\times34+3^2=1369$，

$48^2=50\times46+2^2=2304$，

$54^2=58\times50+4^2=2916$。

再看一个例子，计算986×997。

可以通过以下方式计算：

$$986\times997=(986-3)\times1000+3\times14=983042$$

以上算法的依据是什么呢？在上面的计算中，我们进行了下面的变换：

$$986\times997=(1000-14)\times(1000-3)$$

按照代数法则，把上面的括号去掉，就变成：

$$1000\times1000-1000\times14-1000\times3+14\times3$$

接着进行变换：

$$\begin{aligned}&1000\times1000-1000\times14-1000\times3+14\times3\\&=1000\times(1000-14)-1000\times3+14\times3\\&=1000\times(986-3)+14\times3\end{aligned}$$

最后一行就是前面的算式。

如果相乘的两个三位数的十位和百位相同，而个位之和等于10，那么它们的乘法很有意思。来看一个例子，比如计算783×787。

可以这样计算：

$$78\times79=6162$$

$$3\times7=21$$

所以，上面乘法的计算结果就是616221。

这种算法的依据又是为什么呢？通过下面的算式就可以看明白了：

$$\begin{aligned}(780+3)(780+7)&=780\times780+780\times3+780\times7+3\times7\\&=780\times780+780\times10+3\times7\\&=780(780+10)+3\times7\\&=780\times790+21\\&=616200+21\end{aligned}$$

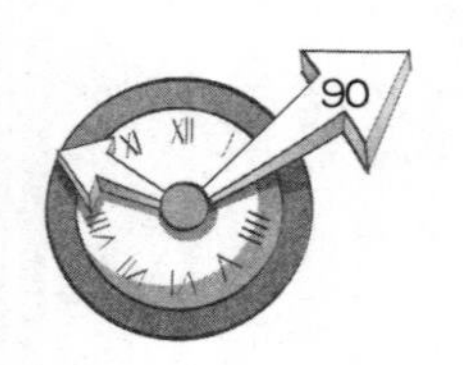

关于这类数的乘法，还有另一种简单的计算方法：

$$\begin{aligned}787\times783&=(785-2)\times(785+2)\\&=785^2-2^2\\&=616225-4\\&=616221\end{aligned}$$

只不过在这个方法中，需要计算785的平方。

如果一个数的末位是5，那么，可以用下面的方法计算它的平方，比如

35^2：$3\times4=12$，结果是1225；

65^2：$6\times7=42$，结果是4225；

75^2：$7\times8=56$，结果是5625。

以上方法的计算规则为：把这个数的十位数乘以比它大1的数写在前面，然后在后面写上25。

我们可以对此进行严格的证明。假设这个数的十位数是a，那么这个数可以表示为：

$$10a+5$$

这个数的平方就是：

$$100a^2+100a+25=100a(a+1)+25$$

式子中的$a(a+1)$就是十位数和比它大1的数的乘积，得到的结果乘以100再加上25，就相当于在前面的乘积后面直接写上25。

如果一个整数后面带一个$\frac{1}{2}$，那么，也可以用上面的方法来求平方。比如

$$(3\frac{1}{2})^2=3.5^2=12.25=12\frac{1}{4}$$

$$(7\frac{1}{2})^2=7.5^2=56.25=56\frac{1}{4}$$

$$(8\frac{1}{2})^2=72.25=72\frac{1}{4}$$

数字1，5和6的特性

末位是1或者5的数累乘，得出的结果末位也是1或者5。对于这一性质，相信读者朋友也已经注意到了。那么，如果这个数的末位是6呢？会是什么情形？其实，如果一个数的末位是6，那么这个数的任何次方得出的结果末位仍然是6。

比如

$$46^2=2116$$

$$46^3=97336$$

可以看出，如果一个数的末位是1，5或者6，它们都有同样的特性。对于这一特性，我们可以用代数方法进行证明。

对于末位是6的数，可以把它表示成：

$$(10a+6)\text{或者}(10b+6)$$

其中，a和b可以是任意整数。

那么，这两个数的乘积就是：

$$\begin{aligned}(10a+6)(10b+6)&=100ab+60a+60b+36\\&=10(10ab+6a+6b)+30+6\\&=10(10ab+6a+6b+3)+6\end{aligned}$$

由此可见，如果两个数的末位都是6，那么它们的乘积是一个10的倍

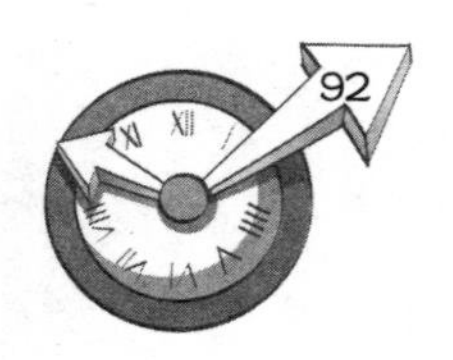

数与6的和，所以，所得结果的末位必定是6。

同样的道理，我们可以证明末位是1或者5的情形。

所以，我们可以快速得出下面的结论：

386^{2567} 的末位数是6，

815^{723} 的末位数是5，

491^{1732} 的末位数是1，

……

数25和76的特性

在前面一节中，我们讲到了末位是1，5或者6的数的特性，对于末两位是25或者76这样的数，也有同样的性质。也就是说，任何两个末两位是25的数相乘，结果的末两位也是25；如果末两位是76，乘积结果的末两位也是76。

下面，就来证明以上结论。把末两位是76的两个数表示为

$(100a+76)$ 和 $(100b+76)$

那么，它们的乘积就是

$$\begin{aligned}
&(100a+76)(100b+76)\\
&=10000ab+7600a+7600b+5776\\
&=10000ab+7600a+7600b+5700+76\\
&=100(100ab+76a+76b+57)+76
\end{aligned}$$

从上式可以看出，这个结果的末两位仍然为76。

所以，只要一个数的末两位是76，那么，它的任何次方的末两位仍然是76，比如

$$376^2=141376$$

$$576^3=191102576$$

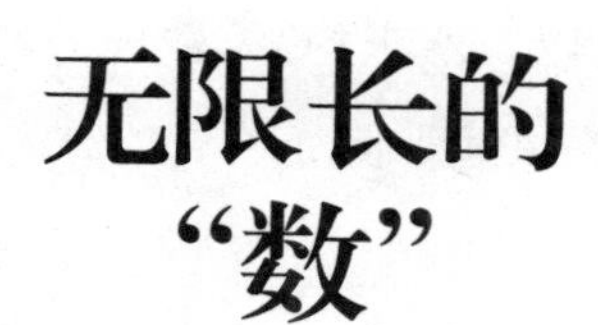

类似于上面的特征，还有一些由多位数字组成的长串数尾，在经过连乘后仍保持不变，而且，这些数尾的长度甚至可能是无限的。

我们已经知道，具有这种特性的两位数有25和76，那么，有没有具有这种特性的3位数呢？我们可以通过下面的方法来寻找。

假设在76的前面的数字为k，那么这个3位数可以表示为下面的形式：

$$100k+76$$

于是，以这个3位数为末尾的数就可以表示为（$1000a+100k+76$），（$1000b+100k+76$），等等。

那么，它们的乘积就是

$$(1000a+100k+76)(1000b+100k+76)$$

$$=1000000ab+100000ak+100000bk+76000a$$
$$+76000b+10000k^2+15200k+5776$$

从上面的式子可以看出，除了最后两项，前面的各项都是1000的倍数，也就是说，每项后面都有3个0。那么，如果以下两项之差，即

$$15200k+5776-(100k+76)$$

能被1000整除，那么，所得乘积的末尾就还是（$100k+76$）。而上面的式子为

$$15100k+5700=15000k+5000+100(k+7)$$

很明显，当$k=3$时，上式可以被1000整除。

所以，所求的3位数是376。也就是说，376的任何次方得出的数一定以376为末尾，比如

$$376^2=141376$$

同样的方法，可以找到符合条件的4位数。假设376的前面的数字为l，那么，问题就变为：当l等于几的时候，下面的乘积

$$(10000a+1000l+376)(10000b+1000l+376)$$

以（$1000l+376$）为末尾？把上式的括号去掉，并把10000的倍数的项舍去，最后剩下下面两项：

$$752000l+141376$$

上式与（$1000l+376$）的差为

$$\begin{aligned}&752000l+141376-(1000l+376)\\&=751000l+141000\\&=750000l+140000+1000(l+1)\end{aligned}$$

只有当上面这个数可以被10000整除的时候，所得乘积的末尾才是（$1000l+376$）。很明显，这时候$l=9$。

也就是说，所求的4位数是9376。

同样的方法，我们可以求出满足这一条件的其他多位数，比如说，5位数09376，6位数109376，7位数7109376，等等。

只要在这些数的前面加上一位，就可以一直计算下去，从而得到一个无限多位的这样的“数”：

$$\cdots\cdots 7109376$$

对于这样的数来说，同样可以进行一般的加法或者乘法运算，因为这些数是从右向左写的，而加法或乘法的竖式运算也是从右向左进行的。并且，当两个这样的数进行加法或乘法运算时，它们的和或者乘积可以去掉任意多的数字。

更加有意思的是，对这个无限长位数的“数”而言，下面的方程是成立的：

$$x^2 = x$$

这看起来有点不可思议，但确实如此。由于这个数的末尾为76，所以它二次方的末尾也应该是76。同样，我们可以得出，这个数二次方的末尾也可以是376，或者是9376，等等。也就是说，这个“数”的二次方中逐个减去一些数字，就可以得到一个与$x = \cdots\cdots 7109376$相同的数。所以，我们可以得出结论：

$$x^2 = x$$

以上分析了以76为末尾的“无限长”的数。同样的方法，我们可以找出以5为末尾的这类数，它们是

5，25，625，0625，90625，890625，2890625

最后也可以得到一个满足$x^2 = x$的无限多位的“数”：

$$\cdots\cdots 2890625$$

而且，这个无限多位的“数”还“等于”：

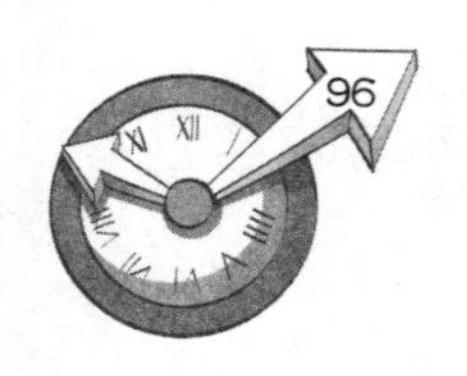

$$\left(\left(\left(5\right)^2\right)^2\right)^{2\cdots}$$

可以这样说明这个数：在十进制中，除$x=0$和$x=1$外，方程$x^2=x$还有两个无限的解：

$$x_1=\cdots\cdots7109376\text{，}\ x_2=\cdots\cdots2890625$$

一个关于补差的古代民间题目

很久以前，有这样一个故事：有两个商人，以贩卖牲畜为生。如果把他俩共有的牛都卖掉，每头牛卖得的钱数正好等于牛的总数。如果用卖牛的钱买一群羊，每只大羊的价格是10卢布，这样还剩下一个零头，又买了一只小羊。他俩把买来的羊进行了平分，其中第一个人比第二个人多了一只大羊，但是第二个人得到了那只小羊，而且还从第一个人那儿找补了一点钱。假设找补的钱是整数，那么，找补了多少钱呢？

【解答】这个问题并不能直接变换成代数语言来解答，因为无法列出方程。在此考虑一种特殊的方法，即所谓的数学思考。不过，我们仍然可以借助代数这个工具。

根据题意，每头牛的价格n等于牛的总数n，所以卖得的总钱数应该是n^2。另外，由于第一个人多得了一只大羊，所以大羊的总数应该是一个奇数。而每只大羊的价格是10卢布，所以我们可以得出，n^2的十位数字应该是奇数。那么，题目就变成：如果一个数的平方的十位数字是奇数，那么它的个位数字是多少？

容易证明，这个平方数的个位数字是6，只有它才能满足上面的条件。

事实上，对于任何一个以a为十位数字、以b为个位数字的数，它的平方

$$(10a+b)^2=100a^2+20ab+b^2$$
$$=(10a^2+2ab)\times 10+b^2$$

在这个数中，（$10a^2+2ab$）和b^2都可能含有十位数字的一部分，但是，很明显前面一部分是偶数，所以只有一种可能：包含在在b^2中的十位数字是奇数。只有这样，$(10a+b)^2$中的十位数字才是奇数。而b是这个数的个位数字，它只有一位数字，所以这个b^2只能是下面这些数中的其中一个：

0，1，4，9，16，25，36，49，64，81

在上面的数中，只有16和36的十位数字是奇数，巧合的是，这两个数都以6为尾数，所以$(10a+b)^2$的平方（$100a^2+20ab+b^2$）一定以6作为末位数字，只有这时候，十位数字才是奇数。

这样，就可以得出，买小羊花了6卢布。而大羊的价格是每只10卢布，所以，如果不找补钱，得到小羊的人就损失了4卢布，要想公平，第一个人就应该找补给第二个人2卢布。

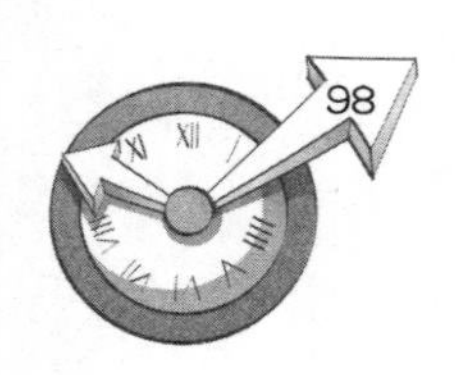

能被11整除的数

利用代数，我们可以不用进行除法运算，就能判断一个数是否能被另一个数整除。我们都知道如何判断一个数是否能被2，3，4，5，6，7，8，9，10整除，如果要判断一个数是否能被11整除呢？这里介绍一个既简单又实用的方法。

假设要判断的这个多位数为N，它的个位数字是a，十位数字是b，百位数字是c，千位数字是d，等等。即

$$\begin{aligned} N &= a+10b+100c+1000d+\cdots \\ &= a+10(b+10c+100d+\cdots) \end{aligned}$$

从这个数中减去一个11的倍数$11(b+10c+100d+\cdots)$，得到的差值为

$$a-b-10(c+10d+\cdots)$$

显然，这个差值除以11得到的余数等于N除以11得到的余数。将这个差值加上一个11的倍数$11(c+10d+\cdots)$，得到下面的数

$$a-b+c+10(d+\cdots)$$

那么，这个数除以11得到的余数也等于N除以11得到的余数。同样的道理，再从这个数中减去一个11的倍数$11(d+\cdots)$，如果一直这样进行下去，就会得到下面的结果

$$a-b+(c-d)+\cdots=(a+c+\cdots)-(b+d+\cdots)$$

这个数除以11得到的余数也等于N除以11得到的余数。

这样，我们就得到了判断一个数能否被11整除的方法：求出这个数所有奇数位的数字之和，减去这个数所有偶数位的数字之和，如果这个差为0或者为11的倍数，那么这个数就能被11整除，否则就不能被11整除。

举例来说，用上面的方法判断一下87635064是否能被11整除。

这个数奇数位的数字之和是

$$4+0+3+7=14$$

偶数位的数字之和是

$$6+5+6+8=25$$

它们的差是

$$14-25=-11$$

所以，这个数能被11整除。

除了上面的方法外，要判断一个不是很大的数能否被11整除，还可以用下面的方法：把这个数自右到左每两位数作为一个整体进行划分，然后把分出来的数相加，如果加起来的和能被11整除，那么这个数就能被11整除。反之，则不能被11整除。比如说，要判断528是否能被11整除，可以把这个数分成两部分：5和28，它们的和是

$$5+28=33$$

很明显，33能被11整除，所以528也能被11整除。实际上

$$528\div 11=48$$

下面来证明一下这个方法。假设这个多位数是N，将其自右至左每两位数作为一个整体进行划分后，得到的数依次为a，b，c，…则N的形式可以表示如下

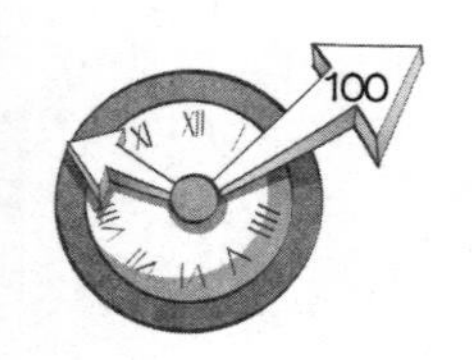

$$N = a + 100b + 10000c + \cdots = a + 100(b + 100c + \cdots)$$

如果把这个数减去一个11的倍数$99(b+100c+\cdots)$，差值就是

$$a + (b + 100c + \cdots)$$

那么，这个差值除以11得到的余数应该等于N除以11得到的余数。同样，再从这个差值中减去一个11的倍数$99(c+\cdots)$，如果一直这样进行下去，就会得出下面的结论：N除以11得到的余数等于下面这个数

$$a + b + c + \cdots$$

除以11得到的余数。

问题得证。

逃逸汽车的车牌号

【题目】一辆汽车违反了交通规则，恰巧被3个学数学的大学生看到了。他们并没有记住车牌号码，只知道这是一个4位数。不过，他们记住了这个车牌号码的一些特点：第一个人记得这个号码的前两位相同，第二个人记得这个号码的后两位也相同，第三个人记得这个号码正好是一个数的平方。根据这些特点，你可以推算出这个号码是多少吗？

【解答】假设这个车牌号码的第一位数字（与第二位相同）是

a，第三位数字（与第四位相同）是b，那么这个数就可以表示为

$$1000a+100a+10b+b=1100a+11b=11(100a+b)$$

很明显，这个数可以被11整除。又因为这是一个数的平方，所以它一定也可以被11^2整除。也就是说，$(100a+b)$可以被11整除。根据前面判断一个数是否能被11整除的方法，我们知道，$(a+b)$应该也可以被11整除。而a和b都是小于10的数，所以只能是

$$a+b=11$$

又因为这个号码是一个数的平方，而b是这个数的末位数字，所以b只可能是下面数字中的一个：

0，1，4，5，6，9

而$b=11-a$，所以a就是下面数字中的一个：

11，10，7，6，5，2

其中，11和10都不符合条件，可以舍去，从而a和b只可能是下面的组合：

$a=7$，$b=4$；

$a=6$，$b=5$；

$a=5$，$b=6$；

$a=2$，$b=9$。

也就是说，车牌号码可能是下面中的其中一个：

7744，6655，5566，2299

在这4个数中，6655只能被5整除，却不能被25整除；5566只能被2整除，不能被4整除；$2299=121\times19$；所以，这3个数都不可能是一个数的平方。这样，只有第一个数满足条件：$7744=88^2$。

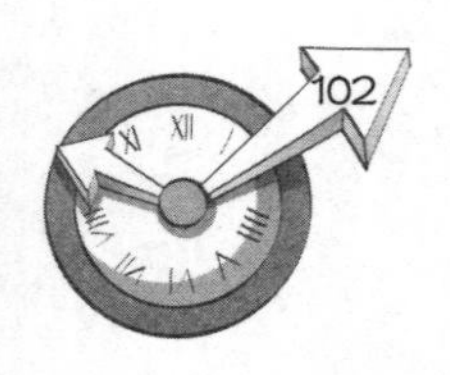

所以，这个车牌号码是7744。

能被19整除的数

下面我们来讨论如何判断一个数是否能被19整除。首先给出结论，然后进行证明。

一个数能被19整除的充分必要条件是：这个数划去个位数字之外的数加上个位数字的2倍，得到的结果是19的倍数。

【解答】对于任意的数N，都可以表示为

$$N=10x+y$$

其中，x表示这个数除了个位数字之外的数，y表示个位数字。下面来证明，N能被19整除的充分必要条件是

$$N'=x+2y$$

是19的倍数。

在上式的两边都乘以10，并减去N，则有

$$10N'-N=10(x+2y)-(10x+y)=19y$$

可以看出，如果N'为19的倍数，则

$$N=10N'-19y$$

也能被19整除；反之，如果N能被19整除，则

$$10N' = N + 19y$$

就是19的倍数，那么 N' 就能被19整除。

举例来说，用上面的方法判定数47045881是否能被19整除。

如下所示，我们可以连续使用上面的判定方法：

$$\begin{array}{r}
4704588|1 \\
2 \\
\hline
47045|90 \\
18 \\
\hline
4706|3 \\
6 \\
\hline
471|2 \\
4 \\
\hline
47|5 \\
10 \\
\hline
5|7 \\
14 \\
\hline
19
\end{array}$$

很明显，19能被19整除，所以47045881能被19整除。

同样的方法，我们可以得出：57，475，4712，47063，470459，4704590，47045881都能被19整除。

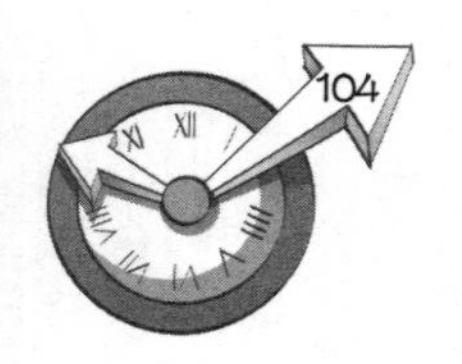

苏菲·热门的题目

【题目】法国著名的数学家苏菲·热门提出了下面的题目：

证明以（a^4+4）为形式的数必定是合数，其中$a\neq 1$。

【解答】（a^4+4）可以表示为

$$\begin{aligned}a^4+4&=a^4+4a^2+4-4a^2\\&=(a^2+2)^2-4a^2\\&=(a^2+2)^2-(2a)^2\\&=(a^2+2+2a)(a^2+2-2a)\end{aligned}$$

从上式可以看出，（a^4+4）可以表示为两个因数之积。而$a^2+2-2a=(a-1)^2+1$，$a\neq 1$，所以这两个因数都不等于1，而且也不等于（a^4+4），也就是说，（a^4+4）是合数。

合数有多少个

素数有无穷多个。素数是大于1的整数，而且满足下面的条件：除了1和它自身之外，不能被别的数整除。有时，我们也称素数为质数。

2，3，5，6，11，13，17，19，23，31，…都是素数，素数有无穷多个，可以一直写下去。在这些素数之间的数都是合数，素数把自然数分成了长短不一的合数区段。那么，这些合数区段的长度有多长呢？有没有可能在某个地方，存在着连续的1000个合数，在这1000个合数中间没有素数存在呢？

其实，这是存在的。我们甚至可以证明，在素数之间，存在着任意长度的连续合数区段。

为便于讨论，我们引入阶乘符号$n!$，$n!$表示从1到n这些整数的连乘。例如，$5!=1\times2\times3\times4\times5$。下面，我们就来证明，下面这个数列

$$[(n+1)!+2],[(n+1)!+3],[(n+1)!+4],\cdots,\ [(n+1)!+(n+1)]$$

是n个连续的合数。

很明显，这些数的后一个都比前一个大1，即它们是按自然数的顺序排列的。下面，来证明这些数都是合数。

首先，看第一个数

$$(n+1)!+2=1\times2\times3\times4\times5\times\cdots\times(n+1)+2。$$

显然，由于两个加数都是2的倍数，所以这是个偶数，当然也是合数。

第二个数

$$(n+1)!+3=1\times2\times3\times4\times5\times\cdots\times(n+1)+3$$

的两个加数都是3的倍数。所以，它也是合数。

第三个数

$$(n+1)!+4=1\times2\times3\times4\times5\times\cdots\times(n+1)+4$$

的两个加数都是4的倍数，所以这个数也是合数。

同样的道理，可以证明

$$(n+1)!+5$$

是5的倍数。

……

也就是说，在这个数列中，每个数都是合数。

举例来说，只要取n=5，我们就可以写出5个连续的合数：

722，723，724，725，276

需要指出的是，这并不是唯一的5个连续的合数，下面的5个数也是连续的合数：

62，63，64，65，66

下面的5个数也是连续的合数：

24，25，26，27，28

【题目】现在，请读者朋友写出10个连续的合数。

【解答】根据前面的分析，只要取n=10就可以了。所以，第一个数为

$$1\times2\times3\times4\times5\times\cdots\times10\times11+2=39916802$$

所以，这10个连续的合数是：

39916802，39916803，39916804，…

不过，这并不是最小的10个连续合数，下面的13个连续的数只比100大一点，也都是合数：

114，115，116，117，…，126

素数有多少个

通过前面一节，我们知道，存在着任意长度的连续合数区段。那么，素数列是不是也没有尽头呢？下面，我们就来证明，素数的个数是无穷的。

对于这个问题，古希腊的数学家欧几里得已经证明过，并将证明过程收录于他的著作《几何原本》中。他是通过“反证法”来证明的。假设素数的个数是有限的，并把最后一个素数记为N，则

$$1\times2\times3\times4\times5\times\cdots\times N=N!$$

在这个阶乘后面加1，得到

$$N!+1$$

由于这个数大于N，那么根据假设该数是合数，至少存在一个素数可以整除它。而另一方面，（$N!+1$）除了1和它自身之外，不可能被任何数整除，因为除起来余数永远为1。

这是相互矛盾的。所以，尽管在自然数列中有任意长度的连续合数

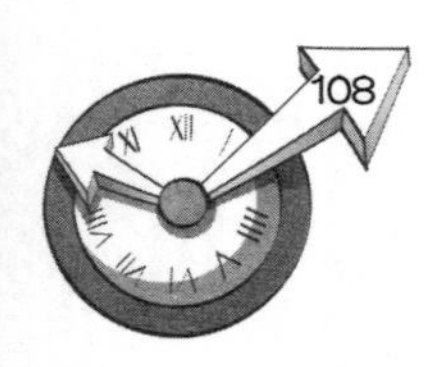

列，但在它之后仍能找到无穷多个素数。

已知的最大素数

尽管我们知道素数行列是没有尽头的，却还在探索哪些自然数是素数。那么，有没有最大的素数呢？要想分析一个自然数是否是素数，必须进行计算，这个数越大，计算量也越大。迄今为止，我们所知道的最大素数是

$$2^{2281}-1$$

这个数到底有多大呢？如果换算成十进制，大概有700位。人们已经证明，这个数是素数。

有时不可忽略的差别

在现实工作中，经常会碰到一些纯算术运算。有时候，我们不得不借助一些简单的代数方法，否则，运算起来非常麻烦。下面就来看一个例子：

$$\frac{2}{1+\frac{1}{90000000000}}$$

这个数值是多少呢？它有什么意义？在物理学中，这个数在相对论力学中有重要的意义。按照旧力学理论，如果一个物体同时参与同方向的两种运动，这两种运动的速度分别是v_1和v_2，那么总的速度就是（v_1+v_2）。但如果在相对论力学中，这个总速度应该是下面的式子：

$$\frac{v_1+v_2}{1+\frac{v_1v_2}{c^2}}$$

其中，c表示真空中光的传播速度，一般取300000千米／秒。如果v_1和v_2都是1千米／秒，那么按照旧力学理论，总速度是2千米／秒，而在相对论力学中，这个总速度是

$$\frac{2}{1+\frac{1}{90000000000}}$$

千米／秒。

这两个结果相差多少呢？从式子中可以看出，这个差别是很小的，能否用最精确的仪器测量出这个差别来呢？不妨先计算出这个差别到底有多大。

下面，用两种方法来计算上面的数值，一种是算术方法，一种是代数方法，看看哪种更简便。先来看算术方法。

把上面的分数变化一下，得到

$$\frac{2}{1+\frac{1}{90000000000}}=\frac{180000000000}{90000000001}$$

然后用分子除以分母：

```
180 000 000 000   | 90 000 000 001
 90 000 000 001     1.999 999 999 977…
 89 999 999 999 0
 81 000 000 000 9
  8 999 999 998 10
  8 100 000 000 09
    899 999 998 010
    810 000 000 009
     89 999 998 001 0
     81 000 000 000 9
      8 999 998 000 10
      8 100 000 000 09
        899 998 000 010
        810 000 000 009
         89 998 000 001 0
         81 000 000 000 9
          8 998 000 000 10
          8 100 000 000 09
            898 000 000 010
            810 000 000 009
             88 000 000 001 0
             81 000 000 000 9
              7 000 000 000 10
              6 300 000 000 07
                700 000 000 03
```

可以看出，这种方法非常麻烦，不仅费时费力，还很容易弄错。而且，在计算的时候，必须看清楚最后得到的商中有几个9，到第几位的时候才变成别的数字。

下面来看一下如何用代数方法求解这个数值，该方法非常简便。

这里，先引入一个近似等式。如果一个分数a的值非常小，那么

$$\frac{1}{1+a}\approx 1-a$$

这个式子很容易证明，只要在式子的两边都乘以（$1+a$），就得到

$$1=(1+a)(1-a)$$

即

$$1=1-a^2$$

由于这里的a非常小，所以a^2更小，可以忽略掉。

现在来计算一下上面的那个数值：

$$\begin{aligned}\frac{2}{1+\frac{1}{90000000000}}&=\frac{2}{1+\frac{1}{9\times 10^{10}}}\\&\approx 2(1-0.111\cdots\times 10^{-10})\\&=2-0.0000000000222\cdots\\&=1.9999999999777\cdots\cdots\end{aligned}$$

由此可见，计算出的结果是一样的，但后面的方法简便多了。如果读者对相对论力学感兴趣的话，就知道这个方法对于相关问题的研究具有重要意义。另外，这个结果告诉我们，常见的物体速度跟光的速度比起来，简直太小了，在旧的力学理论体系中，物体的速度可以叠加，我们根本感觉不到这一结果跟实际结果的差别。在上面的结果中，我们算到了小数点后第十二位数字，实际上即使用最精确的测量仪器也不过测量到小数点后第九位，一般精确到小数点后第三到第四位就足够了。所以，可以这么说，在爱因斯坦的相对论力学中，如果物体的运动速度比光速小得多，这一影响可以忽略不计。不过，在现实生活中，有一些领域需要进行精确的计算，比如说，在空间研究中，卫星或者火箭的运行速度已经达到10千米/秒，甚至更多，这时旧力学和相对论力学的差别就显示出来了。在现代

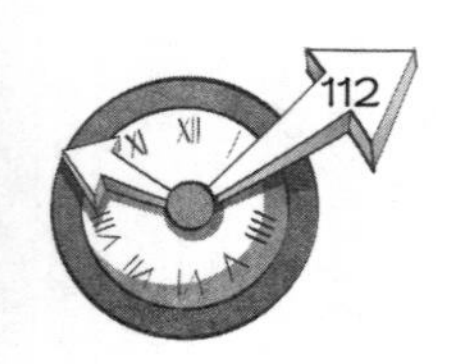

科技中，这一差别已经体现在很多方面。

有时算术方法更简单

我们已经知道，代数对算术的帮助是很大的。但有的时候，如果引入代数方法，反而会使问题变得更加复杂。数学就是一门方法的科学，利用它就是为了找到解决问题的简便方法。至于究竟用什么方法，是用代数的、算术的，还是几何的，我们并不关心。下面，我们就通过一个例子，来看看引入代数反而使问题变复杂的情况是什么样的。

找出一个最小的数，使它满足下面的条件：

如果用2除，余1；

如果用3除，余2；

如果用4除，余3；

如果用5除，余4；

如果用6除，余5；

如果用7除，余6；

如果用8除，余7；

如果用9除，余8。

【解答】对于这个问题，有的读者可能会这么想："这个问题的方程太多了，根本没法解嘛！"

如果你也这么想，说明你想用代数方法来求解，这样会使问题非常复杂又不可解。下面，我们用算术方法来求解。

将所求的数加1，再用2除，余数就是2，也就是说，这个数可以被2整除。

同样的道理，可以得出：所求的数加1后，也可以被3，4，5，6，7，8，9整除。所以，这个数最小是

$$9 \times 8 \times 7 \times 5=2520$$

而所求的数就是2519。容易证明，这个答案是正确的。

Chapter 4
丢藩图方程

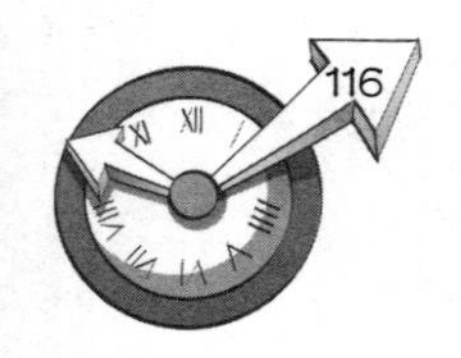

该如何付钱

【题目】你在商店里看中了一件衣服，这件衣服的价格是19卢布。你身上的钱都是面值为2卢布的，而商店里的钱都是面值为5卢布的，那么你该怎么付钱呢?

其实这个题目可以转化为：你应该给商店几张2卢布的钞票，商店找给你几张5卢布的钞票，使得商店收到的钱数正好是19卢布。题目要求的未知数有两个：一个是2卢布面值钞票的张数x，另一个是5卢布面值钞票的张数y。根据题意，只能得到一个方程，即

$$2x-5y=19$$

对于上面的方程来说，有无数个解，但是，能否找到x和y都是正整数的解呢？这并不是件很容易的事，因此才会寻找求解这类“不定方程”的方法。首次将这种方法引入代数的是古希腊著名数学家丢藩图，所以，我们也称这类方程为“丢藩图方程”。

【解答】下面，我们就这个例子来说明这类方程的解法。

现在的问题是求方程

$$2x-5y=19$$

的解，其中x和y都是正整数。

首先，把方程进行变形，即

$$2x=19+5y$$

所以

$$x=\frac{19}{2}+\frac{5y}{2}=9+2y+\frac{y+1}{2}$$

在上式的右边，9和$2y$都是正整数，要想x也是正整数，$\frac{y+1}{2}$必须是正整数才行。

设$t=\frac{y+1}{2}$，则有

$$x=9+2y+t$$

那么

$$2t=1+y$$

$$y=2t-1$$

把前面式子中的y用上式中的$(2t-1)$代替，则有

$$x=9+2(2t-1)+t=5t+7$$

现在来看下面的方程组

$$\begin{cases}x=5t+7\\y=2t-1\end{cases}$$

可以看出，如果t是整数，x和y就一定是整数。这里的x和y必须是正整数，也就是说，它们都大于0，即

$$\begin{cases}5t+7>0\\2t-1>0\end{cases}$$

解上面的不等式，得到

$$5t+7>0\Rightarrow 5t>-7\Rightarrow t>-\frac{7}{5}$$

$$2t-1>0\Rightarrow 2t>1\Rightarrow t>\frac{1}{2}$$

所以，t的取值范围是

$$t > \frac{1}{2}$$

由于t是整数，所以t可以取下面的数值：

$$t = 1,2,3,4,\cdots$$

对应的x和y的值分别为：

$$x = 5t + 7 = 12,17,22,27,\cdots$$

$$y = 2t - 1 = 1,3,5,7,\cdots$$

现在，就知道该如何付款了。

你给商店12张2卢布面值的钞票，商店找回你1张5卢布面值的钞票：

$$12 \times 2 - 5 = 19$$

或者你给商店17张2卢布面值的钞票，商店找回你3张5卢布面值的钞票：

$$17 \times 2 - 3 \times 5 = 19$$

等等。

从理论上讲，这个题目的解有无数个。但是，对于你和商店来说，不可能有无穷多的钞票，比如说，你们双方都只有15张钞票，这时就只有一个解：你给商店12张2卢布面值的钞票，商店找回你1张5卢布面值的钞票。

在这个题目中，如果条件变一下，比如，你只有5卢布面值的钞票，而商店只有2卢布面值的钞票，读者可以自己计算一下，很容易得到下面的解：

$$x = 5,7,9,11,\cdots$$

$$y = 3,8,13,18,\cdots$$

实际上：

$$5\times5-3\times2=19,$$

$$7\times5-8\times2=19,$$

$$9\times5-13\times2=19,$$

$$11\times5-18\times2=19,$$

$$\cdots$$

其实不用重新计算，通过借助一点简单的代数方法，就能从母题的解法中求出上面题目的解。在上面的题目中，你付给商店5卢布面值的钞票，商店找回2卢布面值的钞票，就相当于你付了—2卢布面值的钞票，商店找回给你—5卢布面值的钞票。所以，仍然可以用前面的方程

$$2x-5y=19$$

来求解。但这里要求x和y都是负数。

所以，由方程组

$$\begin{cases}x=5t+7\\y=2t-1\end{cases}$$

得到

$$\begin{cases}5t+7<0\\2t-1<0\end{cases}$$

解得

$$t<-\frac{7}{5}$$

取$t=-2,-3,-4,-5,\cdots$就可以得出x和y的值（见下页表格）。

对于第一组解：$x=-3,\ y=-5$，意思就是：你付给商店-3张2卢布面值的钞票，而商店找回你-5张5卢布面值的钞票，换

t	–2	–3	–4	–5
x	–3	–8	–13	–18
y	–5	–7	–9	–11

句话说，你付给商店5张5卢布面值的钞票，而商店找回你3张2卢布面值的钞票。对于其他的几组解，也可以用同样的方法进行解释。

恢复账目

【题目】如图13所示，某商店在检查账本的时候，发现有两处账目被涂料盖住了，只能看到一部分。

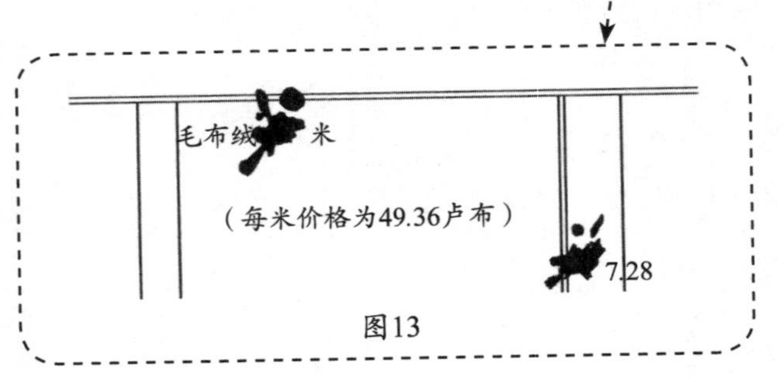

图13

毛绒布已经卖出去了，不可能再把它找回来，但是账本上的数字提供了一些线索。根据账目上未被盖住的数字，我们必须把盖住的数字推测出来。那么，应该如何推测出这些数字，把账目记录恢复呢?

【解答】假设一共卖出了x米的毛绒布，那么卖得的钱数就是

$4936x$ 戈比（1卢布＝100戈比）。

在这个总金额中，被涂料盖住了3个数字，只剩下最后3位“7.28”，假设被盖住的那3个数字组成的3位数是y。我们可以把这个金额用戈比表示为

$$1000y+728$$

从而得到方程

$$4936x=1000y+728$$

两边都除以8，得到

$$617x-125y=91$$

其中x和y都是大于0的整数。跟前面一节中的分析一样，先求出y的值：

$$\begin{aligned}y&=\frac{617x-91}{125}=5x-1+\frac{34-8x}{125}\\&=5x-1+\frac{2(17-4x)}{125}\\&=5x-1+2t\end{aligned}$$

通过这种方法，把上式进行了简化。由于x，y都是整数，所以$\frac{2(17-4x)}{125}$也必须是整数。而2不能被125整除，所以$\frac{17-4x}{125}$必须是整数，在上式中用t来代替它，即

$$\frac{17-4x}{125}=t$$

$$17-4x=125t$$

$$\begin{aligned}x&=4-31t+\frac{1-t}{4}\\&=4-31t+t_1\end{aligned}$$

上式中，令$t_1=\frac{1-t}{4}$。则

$$4t_1=1-t$$

$$t=1-4t_1$$

所以

$$x=125t_1-27$$
$$y=617t_1-134$$

根据前面的分析，y是3位数，所以$100\leqslant y<1000$，即

$$100\leqslant 617t_1-134<1000$$

容易解得

$$\frac{234}{617}\leqslant t_1<\frac{1134}{617}$$

很明显，这时的t_1只能取1。

于是

$$x=98$$
$$y=483$$

也就是说，一共卖出了98米毛绒布，卖得的钱数是4837.28卢布。账目记录得以恢复。

每种邮票各买几张

【题目】要用1卢布正好买40张邮票，而邮票的价格不一，分别是1戈比、4戈比、12戈比。那么，应该分别买几张呢？

【解答】假设1戈比、4戈比和12戈比邮票的张数分别是x，y，z，则有

$$x+4y+12z=100$$
$$x+y+z=40$$

根据这两个等式，可以得到下面的式子

$$3y+11z=60$$

所以

$$y=20-\frac{11z}{3}$$

很明显，$\frac{z}{3}$必须为整数，假设$\frac{z}{3}=t$，则

$$y=20-11t$$
$$z=3t$$

把上面的两个式子代入前面的方程，得到

$$x+20-11t+3t=40$$

所以

$$x=20+8t$$

这样，我们就得到了x，y，z和t的关系：

$$\begin{cases}x=20+8t\\y=20-11t\\z=3t\end{cases}$$

由于$x>0$，$y>0$，$z>0$，所以t的取值范围只能是

$$0\leqslant t\leqslant 1$$

也就是说，t只能是0或者1。容易计算出当$t=0$时，

$$x=20,y=20,z=0$$

当$t=1$时，

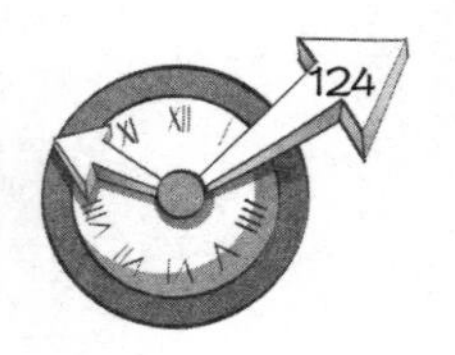

$$x=28, y=9, z=3$$

可以对该答案进行验证：

$$20\times 1+20\times 4+0\times 12=100$$

$$28\times 1+9\times 4+3\times 12=100$$

综上所述，有两种组合满足条件。但是，如果要求每种邮票都要有，答案只能是后者。

在下节中，我们再看一个类似的题目。

每种水果各买几个

【题目】要用5卢布买100个3种不同的水果，已知水果的价格如下（图14）：

一个西瓜50戈比；

一个苹果10戈比；

一个李子1戈比。

那么，每种水果应该分别买多少个？

【解答】假设应该买的西瓜、苹果、李子数分别是x，y，z，则有下面的方程：

图14

$$\begin{cases}50x+10y+z=500\\x+y+z=100\end{cases}$$

两个式子相减，可以得到

$$49x+9y=400$$

于是

$$\begin{aligned}y&=\frac{400-49x}{9}\\&=44-5x+\frac{4(1-x)}{9}\\&=44-5x+4t\end{aligned}$$

其中

$$t=\frac{1-x}{9}$$

所以

$$x=1-9t$$

把上式代入前面的式子，得到

$$y=44-5(1-9t)+4t=39+49t$$

把这里的x和y代入前面的第二个方程，得到

$$1-9t+39+49t+z=100$$

所以

$$z=60-40t$$

而x，y，z都是大于0的整数，即

$$\begin{cases}1-9t>0\\39+49t>0\\60-40t>0\end{cases}$$

可以得出

$$-\frac{39}{49}<t<\frac{1}{9}$$

而t只能是整数，所以，$t=0$。于是

$$x=1,\quad y=39,\quad z=60$$

也就是说，应该买1个西瓜、39个苹果和60个李子，只有这一种组合。

推算生日

【题目】下面来做一个游戏，看看你对不定方程的解答是否熟练。

请你的朋友把他生日的日期乘以12，再把生日的月份乘以31，然后把两个数相加的结果告诉你。这时你就能推算出他的生日是几月几号。

比如，如果你朋友的生日是2月9日，那么他会这么计算：

$$9\times12=108,\ 2\times31=62,$$

$$108+62=170$$

所以，他告诉你的结果是170。通过这个数值，你要推算出他的生日，该怎么做呢?

【解答】根据题意，有下面的方程

$$12x+31y=170$$

其中x和y都是正整数，并且

$$x \leqslant 31，y \leqslant 12$$

于是

$$\begin{aligned} x &= \frac{170-31y}{12} \\ &= 14-3y+\frac{2+5y}{12} \\ &= 14-3y+t \end{aligned}$$

其中 $\frac{2+5y}{12}=t$

所以

$$2+5y=12t$$

从而

$$y=\frac{-2+12t}{5}=2t-\frac{2(1-t)}{5}=2t-2t_1$$

其中 $\frac{1-t}{5}=t_1$

所以

$$1-t=5t_1$$

$$t=1-5t_1$$

从而

$$\begin{aligned} y &= 2t-2t_1 \\ &= 2(1-5t_1)-2t_1 \\ &= 2-12t_1 \end{aligned}$$

$$\begin{aligned} x &= 14-3y+t \\ &= 14-3(2-12t_1)+1-5t_1 \\ &= 9+31t_1 \end{aligned}$$

而

$$0 < x \leq 31, \quad 0 < y \leq 12$$

所以，t_1 的取值范围是

$$-\frac{9}{31} < t_1 < \frac{1}{6}$$

由于t_1是整数，所以t_1只能取0，于是

$$x=9, y=2$$

所以，你朋友的生日是2月9日。

事实上，这个游戏总能成功，因为这个题目的解只有一个。假设把你朋友告诉你的结果记为a，那么，我们有下面的方程

$$12x+31y=a$$

这里，我们采取“反证法”。假设上面的方程有两个解，分别是x_1，y_1和x_2，y_2，其中，x_1，y_1不大于31，y_1，y_2不大于12。那么，有下面的等式

$$12x_1+31y_1=a$$

$$12x_2+31y_2=a$$

两式相减，得到

$$12(x_1-x_2)+31(y_1-y_2)=0$$

由于x_1，x_2，y_1，y_2均为整数，所以我们可以得出$12(x_1-x_2)$可以被31整除。而x_1,x_2都不大于31，所以，（x_1-x_2）也小于31。从而，只有在$x_1=x_2$时，$12(x_1-x_2)$才能被31整除，也就是说，这两个解是相等的。这与前面的假设是矛盾的，换句话说，前面的方程有唯一的解。

卖鸡

【题目】有三姐妹带着母鸡到集市上去卖。第一个人带了10只，第二个人带了16只，第三个人带了26只。上午，她们卖出的价格是一样的，都卖出了一部分母鸡。到了下午，她们卖出的价格仍然一样，只不过比上午低一些，最后把所有的母鸡都卖完了。她们卖得的钱数一样，都卖了35卢布。

请问，她们在上午和下午卖出的价格分别是多少?

【解答】假设她们上午卖出的母鸡数分别是x，y，z，那么，下午卖出的母鸡就分别是（$10-x$），（$16-y$），（$26-z$）。再假设上午每只母鸡卖出的价格是m，下午每只母鸡卖出的价格是n，那么，可以得到下面的表格：

	卖出的母鸡数			价格
上午	x	y	z	m
下午	$10-x$	$16-y$	$26-z$	n

第一个人卖得的钱数为

$$mx+n(10-x)$$

第二个人卖得的钱数为

$$my+n(16-y)$$

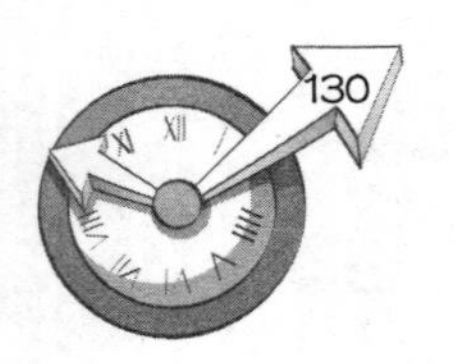

第三个人卖得的钱数为

$$mz+n(26-z)$$

根据题意，她们卖得的钱数都是35卢布，所以，可得下面的方程组

$$\begin{cases}mx+n(10-x)=35\\my+n(16-y)=35\\mz+n(26-z)=35\end{cases}$$

将每个方程变化一下，得到

$$\begin{cases}(m-n)x+10n=35\\(m-n)y+16n=35\\(m-n)z+26n=35\end{cases}$$

用第三个方程分别减去第一个方程和第二个方程，得到

$$\begin{cases}(m-n)(z-x)+16n=0\\(m-n)(z-y)+10n=0\end{cases}$$

化简后可得

$$\begin{cases}(m-n)(x-z)=16n\\(m-n)(y-z)=10n\end{cases}$$

两个方程相除，得到

$$\frac{x-z}{y-z}=\frac{8}{5}$$

即

$$\frac{x-z}{8}=\frac{y-z}{5}$$

由于x，y，z都是正整数，所以它们的差也是整数。要想上面的等式成立，需要满足下面的条件：（$x-z$）能被8整除，（$y-z$）能被5整除。假设

$$\frac{x-z}{8}=\frac{y-z}{5}=t$$

则

$$x=z+8t$$
$$y=z+5t$$

由于$x>z$（否则，第一个人不可能与第三个人卖的钱数一样多），所以t一定是正整数。

而$x<10$，所以

$$z+8t<10$$

其中z和t都是正整数，满足这一条件的z和t值是唯一的，它们都取1。

把$z=1$，$t=1$代入前面的方程

$$\begin{cases} x=z+8t \\ y=z+5t \end{cases}$$

容易得出

$$x=9$$
$$y=6$$

再把x，y，z的值代入前面的方程组

$$\begin{cases} mx+n(10-x)=35 \\ my+n(16-y)=35 \\ mz+n(26-z)=35 \end{cases}$$

容易得出

$$m=3\frac{3}{4}=3.75$$
$$n=1\frac{1}{4}=1.25$$

即她们上午卖出的价格是3.75卢布，下午卖出的价格是1.25卢布。

自由的数学思考

【题目】在上一节的题目中，一共用到了3个方程，含有5个未知数，对于这个方程组，我们没有采用常规的方法，而是采用了自由的数学思考。其实，还可以用这种方法来求解二次不定方程。下面，就来看一个例子。

有两个正整数，对它们进行如下4种运算：

（1）相加；

（2）大数减去小数；

（3）相乘；

（4）小数除大数。

把上面得到的所有结果相加，得出243。这两个数分别是几？

【题目】假设这两个数为x和y，其中$x > y$。那么

$$(x+y)+(x-y)+xy+\frac{x}{y}=243$$

方程的两边都乘以y，并进行化简，得到

$$x(2y+y^2+1)=243y$$

而

$$2y+y^2+1=(y+1)^2$$

所以

$$x=\frac{243y}{(y+1)^2}$$

由于x和y都是整数，所以$(y+1)^2$必须整除243。而$243=3^5$，能整除243的平方数只有1，3^2，9^2。也就是说，$(y+1)^2$等于1，3^2或9^2，进而可以求出，y等于2或8。

所以

$$x=\frac{243\times 8}{81}=24\text{或者}x=\frac{243\times 2}{9}=54$$

也就是说，这两个数是24和8或者54和2。

什么样的矩形

【题目】已知一个矩形的长和宽均为整数，并且该矩形的周长值正好等于它的面积值。请问，这个矩形的长和宽分别是多少？

【解答】假设这个矩形的长和宽分别是x和y，则有

$$2x+2y=xy$$

于是

$$x=\frac{2y}{y-2}$$

其中x和y都是正整数。所以，（$y-2$）应该也是大于0的正数，即$y>2$。

注意到

$$x=\frac{2y}{y-2}=\frac{2(y-2)+4}{y-2}=2+\frac{4}{y-2}$$

由于x是正整数，所以$\frac{4}{y-2}$也必须是整数。又因为$y>2$，所以，y只能取3，4或者6，对应的x值为6，4或者3。

也就是说，有两个解：一个是长为6、宽为3的长方形，另一个是边长为4的正方形。

有趣的两位数

【题目】对于46和96，有一个有趣的性质：如果把它们的十位数字和个位数字换位置，二者的乘积不变。即$46\times96=4416=64\times69$。

下面来讨论一下，还有没有其他的数也具有这样的性质？该如何找出来呢？

【解答】假设这样两个数的十位数字分别为x和z，个位数字分别为y和t，则

$$(10x+y)(10z+t)=(10y+x)(10t+z)$$

化简后得到

$$xz=yt$$

其中，x，y，z，t都小于10，且都是正整数。把满足上面条件的所有数列出来：

$$1\times4=2\times2,$$

$$1\times6=2\times3,$$

$$1\times8=2\times4,$$

$$1\times9=3\times3,$$

$$2\times6=3\times4,$$

$$2\times8=4\times4,$$

$$2\times9=3\times6,$$

$$3\times8=4\times6,$$

$$4\times9=6\times6。$$

可以看出，一共有9种可能。对于每种组合，都可以得到题目的一个解，比如，根据$1\times4=2\times2$，可以得到

$$12\times42=21\times24$$

根据$1\times6=2\times3$，可以得到

$$12\times63=21\times36$$

或者

$$13\times62=31\times26$$

一直进行下去，就可以得到下面的解：

$$12\times42=21\times24,$$

$$23\times96=32\times69,$$

$$12\times63=21\times36,$$

$$24\times63=42\times36,$$

$$12\times84=21\times48,$$

$24\times84=42\times48$,

$13\times62=31\times26$,

$26\times93=62\times39$,

$13\times93=31\times39$,

$34\times86=43\times68$,

$14\times82=41\times28$,

$36\times84=63\times48$,

$23\times64=32\times46$,

$46\times96=64\times69$。

整数勾股弦数的特性

土地测量者经常使用一种非常简单又准确的方法画垂线，步骤如下：如图15所示，假设要过点A作垂直于MN的线。a是任意长度，先沿着AM方向取a的3倍，再找一根绳子，在上面打三个结，使结与结之间的长度分别是$4a$和$5a$，然后把两端的结分别固定在点A和点B上，拉直绳子，另一个结所在的地方就是点C。这样就形成了直角三角形ABC，其中角A为直角。

这是一个非常古老的方法，在几千年以前建造埃及金字塔的人就使用过这个方

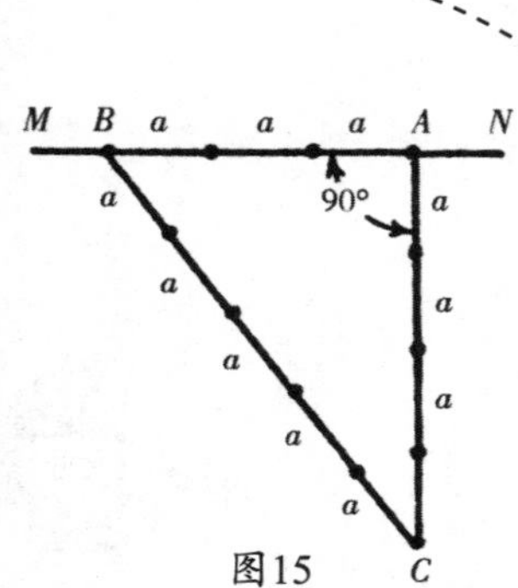

图15

法。它的原理很简单，如果三角形的边长之比为3:4:5，那它必然是直角三角形。根据勾股定理，很容易证明，因为

$$3^2+4^2=5^2$$

除了3，4，5，还有很多正整数a，b，c也满足下面的等式：

$$a^2+b^2=c^2$$

由勾股定理，满足上述条件的数a，b，c被称为“勾股弦数”。其中，a，b称为三角形的“直角边”，有时也叫“勾”或“股”，c称为三角形的“斜边”，有时也叫“弦”。

显然，如果a，b，c是满足上面关系的整数，那么pa，pb，pc也满足上面的关系，这里的p是整数。反之，如果满足上面关系的a，b，c有一个共同的乘数，那么把这个乘数约去，就会得到另一组满足上述关系的整数。所以，这里只讨论最简单的勾股弦数，即互素的勾股弦数。

容易知道，在边长a，b，c中，直角边a，b必定一个是偶数，一个是奇数。因为如果a，b都是偶数，那么（a^2+b^2）也一定是偶数，这样的话，a，b，c一定有公约数2，这跟前面假设的a，b，c互素是矛盾的。所以，在直角边a，b中，一定有一个是奇数。

那么，有没有可能直角边a，b都是奇数，而斜边c是偶数呢？同样的方法可以证明，这也是不可能的。事实上，如果两个直角边a，b都是奇数，不妨把它们表示为

$$(2x+1)\text{ 和 }(2y+1)$$

那么，它们的平方和为

$$\begin{aligned}&4x^2+4x+1+4y^2+4y+1\\=&4(x^2+x+y^2+y)+2\end{aligned}$$

如果把上面的结果用4除，会得到余数2。但是我们知道，如果一个数是偶数，那么它的平方一定可以被4整除。所以，这个平方数不会是一个

偶数的平方。也就是说，如果a，b都是奇数，那么c一定也是奇数。

综上所述，在a，b，c中，直角边a，b必然有一个是奇数，有一个是偶数，而斜边c必然是奇数。

不妨假设直角边a是奇数，b是偶数，根据

$$a^2+b^2=c^2$$

可以得出

$$a^2=c^2-b^2=(c+b)(c-b)$$

右边的两个乘数$(c+b)$和$(c-b)$互为素数。

对于上面的结论，可以用“反证法”证明。假设（$c+b$）和（$c-b$）有一个共同的素因数，那么它们的和

$$(c+b)+(c-b)=2c$$

差

$$(c+b)-(c-b)=2b$$

积

$$(c+b)(c-b)=a^2$$

应该都能被这个素因数整除，换句话说，$2c$，$2b$，a^2有公因数。而a为奇数，所以这个公因数不可能为2，也就是说，a，b，c应该有公因数，这跟假设是矛盾的。所以，$(c+b)$和$(c-b)$一定互为素数。

既然这两个数互为素数，它们的乘积又是某个数的平方，那么它们自身也应该是某个数的平方，也就是说

$$\begin{cases}(c+b)=m^2\\(c-b)=n^2\end{cases}$$

解这个这方程组，可得

$$\begin{cases}c=\dfrac{m^2+n^2}{2}\\b=\dfrac{m^2-n^2}{2}\end{cases}$$

所以

$$a^2=(c+b)(c-b)=m^2n^2$$

$$a=mn$$

这样，就得出了a，b，c的值，它们是

$$\begin{cases} a=mn \\ b=\dfrac{m^2-n^2}{2} \\ c=\dfrac{m^2+n^2}{2} \end{cases}$$

其中m，n都是奇数，且互为素数。

反过来说，对于任意互为素数的奇数m和n，都可以利用上面的公式得出整数勾股弦数a，b和c。

下面列出了这样的一些勾股弦数：

$m=3,\quad n=1$：$3^2+4^2=5^2$；

$m=5,\quad n=1$：$5^2+12^2=13^2$；

$m=7,\quad n=1$：$7^2+24^2=25^2$；

$m=9,\quad n=1$：$9^2+40^2=41^2$；

$m=11,\quad n=1$：$11^2+60^2=61^2$；

$m=13,\quad n=1$：$13^2+84^2=85^2$；

$m=5,\quad n=3$：$15^2+8^2=17^2$；

$m=7,\quad n=3$：$21^2+20^2=29^2$；

$m=11,\quad n=3$：$33^2+56^2=65^2$；

$m=13,\quad n=3$：$39^2+80^2=89^2$；

$m=7,\quad n=5$；$35^2+12^2=37^2$；

$m=9,\quad n=5$：$45^2+28^2=53^2$；

$$m=11,\quad n=5:\ 55^2+48^2=73^2;$$

$$m=13,\quad n=5:\ 65^2+72^2=97^2;$$

$$m=9,\quad n=7:\ 63^2+16^2=65^2;$$

$$m=11,\quad n=7:\ 77^2+36^2=85^2;$$

从这些数可以看出，它们都是没有公因数的整数勾股弦数，而且都比100小。

勾股弦数有很多有意思的特性，比如：

如果一条直角边小于3，另一条直角边小于4，那么斜边应该小于5。

对于这个特性，很容易验证，读者可以自己证明一下。

三次不定方程的解

对于整数3，4，5，6，有下面的关系：

$$3^3+4^3+5^3=6^3$$

这个等式可以理解为，边长分别为3，4，5的3个正方体的体积之和等于边长为6的正方体体积，如图16所示。

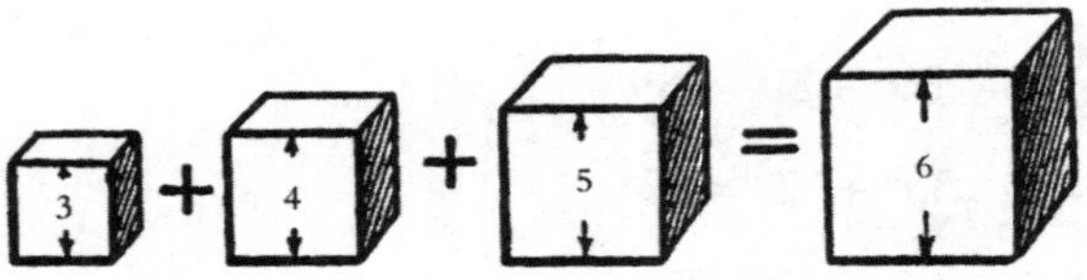

3 + 4 + 5 = 6

图16

据说，柏拉图对满足这一关系的数字曾进行过研究。

我们也来讨论一下这一问题，看能否找出别的这一类等式。即求解下面的方程：

$$x^3+y^3+z^3=u^3$$

为便于分析，假设这里的$u=-t$，则方程变为

$$x^3+y^3+z^3+t^3=0$$

下面来看如何求解这个方程的整数解。假设a，b，c，d和α，β，γ，δ是满足方程的两组解。将后一组解同乘以k，并跟前一组解对应相加，选择恰当的k值，使得下面的这组解

$$a+k\alpha,\ b+k\beta,\ c+k\gamma,\ d+k\delta$$

也满足上面的方程。也就是说，选择恰当的k值，使得

$$(a+k\alpha)^3+(b+k\beta)^3+(c+k\gamma)^3+(d+k\delta)^3=0$$

成立。

由于

$$a^3+b^3+c^3+d^3=0$$
$$\alpha^3+\beta^3+\gamma^3+\delta^3=0$$

所以，可以得出

$$3a^2k\alpha+3ak^2\alpha^2+3b^2k\beta+3bk^2\beta^2+3c^2k\gamma+3ck^2\gamma^2+3d^2k\delta+3dk^2\delta^2=0$$

即

$$3k[(a^2\alpha+b^2\beta+c^2\gamma+d^2\delta)+k(a\alpha^2+b\beta^2+c\gamma^2+d\delta^2)]=0$$

只要在两个乘数中有一个为0，上面等式就成立。首先，如果$k=0$，这时就相当于我们构造出的解：

$$a+k\alpha,\ b+k\beta,\ c+k\gamma,\ d+k\delta$$

仍然是a，b，c，d。这对于我们来说没有任何意义。

所以，考虑

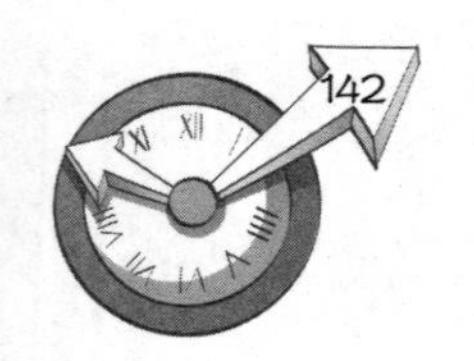

$$(a^2\alpha + b^2\beta + c^2\gamma + d^2\delta) + k(a\alpha^2 + b\beta^2 + c\gamma^2 + d\delta^2) = 0$$

得到

$$k = -\frac{a^2\alpha + b^2\beta + c^2\gamma + d^2\delta}{a\alpha^2 + b\beta^2 + c\gamma^2 + d\delta^2}$$

也就是说，如果已经知道了方程的两组解，只要在其中一组解的前面都乘以k，再加上另一组解的对应值，就可以得到第三组解，其中k的值用以上方法求出。

在本节一开始，我们已经知道了一组解3，4，5，－6，只要再找到另一组解就可以了。如何找到这样的一组解呢？其实很简单，可以取r，$-r$，s，$-s$。很明显，它们满足前面的方程。取

$$a = 3,\ b = 4,\ c = 5,\ d = -6$$

$$\alpha = r,\ \beta = -r,\ \gamma = s,\ \delta = -s$$

容易得出此时的k值为：

$$k = -\frac{-7r - 11s}{7r^2 - s^2} = \frac{7r + 11s}{7r^2 - s^2}$$

$a + k\alpha$，$b + k\beta$，$c + k\gamma$，$d + k\delta$ 分别等于：

$$\frac{28r^2 + 11rs - 3s^2}{7r^2 - s^2},\quad \frac{21r^2 - 11rs - 4s^2}{7r^2 - s^2}$$

$$\frac{35r^2 + 7rs + 6s^2}{7r^2 - s^2},\quad \frac{-42r^2 - 7rs - 5s^2}{7r^2 - s^2}$$

根据前面的分析，这4个值满足前面的方程

$$x^3 + y^3 + z^3 + t^3 = 0$$

在以上4个数中，分母都是一样的，可以消掉。即下面的4个数也可以满足方程：

$$x = 28r^2 + 11rs - 3s^2$$

$$y = 21r^2 - 11rs - 4s^2$$

$$z = 35r^2 + 7rs + 6s^2$$

$$t=-42r^2-7rs-5s^2$$

将r和s分别取不同的整数值，就可以得到满足方程的很多个解。如果这些解有公因数，可以把公因数约去。比如当$r=s=1$时，得出的解为36，6，48，－54，这时可以把公因数6约去，得出6，1，8，－9。所以

$$6^3+1^3+8^3=9^3$$

下面列出了方程的一些解：

$r=1,\ \ s=2$： $38^3+73^3=17^3+76^3$；

$r=1,\ \ s=3$： $17^3+55^3=24^3+54^3$；

$r=1,\ \ s=5$： $4^3+110^3=67^3+101^3$；

$r=1,\ \ s=4$： $8^3+53^3=29^3+50^3$；

$r=1,\ \ s=-1$： $7^3+14^3+17^3=20^3$；

$r=1,\ \ s=-2$： $2^3+16^3=9^3+15^3$；

$r=2,\ \ s=-1$： $29^3+34^3+44^3=53^3$；

…

需要注意的是，如果把前面的一组解3，4，5，－6或者新得出的一组解中的数换一下顺序，就可以得到一组新的解。比如说，令

$$a=3，b=5，c=4，d=-6$$

可以得出

$$x=20r^2+10rs-3s^2$$

$$y=12r^2-10rs-5s^2$$

$$z=16r^2+8rs+6s^2$$

$$t=-24r^2-8rs-4s^2$$

此时，对于不同的r和s，也可以得出方程的一些解

$r=1,\ \ s=1$： $9^3+10^3=1^3+12^3$；

$$r=1,\ \ s=3:\ \ 23^3+94^3=63^3+84^3;$$

$$r=1,\ \ s=5:\ \ 5^3+163^3+164^3=206^3;$$

$$r=1,\ \ s=6:\ \ 7^3+54^3+57^3=70^3;$$

$$r=2,\ \ s=1:\ \ 23^3+97^3+86^3=116^3;$$

$$r=1,\ \ s=-3:\ \ 3^3+36^3+37^3=46^3;$$

…

通过该方法，可以得出满足这个方程的无穷多个解。

悬赏10万马克证明费马猜想

曾经有人悬赏10万马克来证明一个关于不定方程的题目。这个题目被称为费马定理或者费马猜想，即证明：

除了二次方之外，两个整数的同次方之和不可能等于另一个整数的同次方。

也就是要证明：当$n>2$时，方程

$$x^n+y^n=z^n$$

没有整数解。

通过前面的分析，我们知道，方程

$$x^2+y^2=z^2$$

和

$$x^3+y^3+z^3=t^3$$

都是有整数解的，而且有无穷多个解。但是，要想找到满足方程 $x^3+y^3=z^3$ 的整数解，却是不可能的。

同样，对于4次方、5次方、6次方以及更高次数的这类方程，同样找不到整数解。这么看来，费马定理应该是正确的。

对于这个命题，悬赏者要求对所有大于二次方的情况都要证明。

这个命题从提出到今天，已经过去了3个多世纪，但是，至今没有人成功将它**证明**出来。很多伟大的数学家都曾为之努力过，但都只是证明了其中的个别指数或者一些指数，并没有证明所有的整数指数。

该定理已于1995年由英国数学家安德鲁·怀尔斯证明出来。

我们有理由相信，费马定理一定被人证明过，但是这个证明的过程失传了。这一定理的提出者费马曾经说过，他知道如何证明这个命题，不过，在现存的资料中，并没有找到这一证明过程。

仅在丢藩图的著作中出现过费马留下的标注：

“对于这个命题，我找到了一种奇妙的方法来证明，但是这个地方太小了，根本写不下。”

遗憾的是，在他的所有文稿和手稿中都没有找到这个证明。

后来，有很多数学家都想证明这个伟大的猜想，并取得了一些进展。比如，1797年，欧拉证明了该定理的3次方和4次方；1823年，勒让德证明了5次方；1840年，拉梅和勒贝格证明了7次方；1849年，库默证明了100以下的所有指数。不过，很多证明过程用到的知识超出了费马当时的数学知识范围。所以，人们更加疑惑，费马究竟是怎么证明出这个命题的？

如果读者对费马命题感兴趣，可以参考一下《伟大的费马定律》。在这本书中，作者对费马定理的基本数学原理进行了介绍。

Chapter 5
第六种数学运算

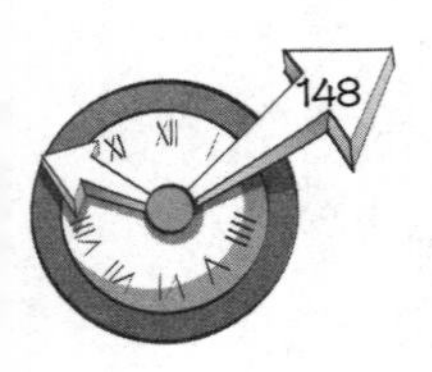

第六种运算——开方

对于加法和乘法来说，分别只有一种逆运算，即减法和除法。但是对于第五种运算乘方，却有两种逆运算：求底数和求指数。我们把求底数称为第六种运算，也叫开方；把求指数称为第七种运算，也叫对数。那么，为什么乘方的逆运算有两种，而加法和乘法的逆运算只有一种呢？这是因为，加法中两个数的位置是可以互换的，乘法也是一样。但是乘方的底数和指数是不能互换的，比如，$3^5 \neq 5^3$。所以，对于加法和乘法来说，可以用同样的方法求出这两个加数或者乘数，但是乘方的底数和指数的求法是不一样的。

对于第六种运算——开方，我们用符号“$\sqrt{\quad}$”表示。为什么用这个符号表示呢？其实，这个符号是拉丁文r的变形，在拉丁文中，r是“根”的首字母。16世纪时，人们表示根号用的是大写的拉丁字母R，并且会在它的后面加上“平方”的首字母“q”，或者“立方”的首字母“c”，以此表示开几次方，比如

$$\sqrt{4352}$$

那时候的写法是

$$R.q.4352$$

此外，那时候的加号和减号也跟现在不一样，而是分别用字母p和m表

示；括号则是用“$\lfloor\ \rfloor$”表示。所以，对于我们来说，那时候的代数公式看起来会很不习惯。

下面这个式子出现在古代数学家邦别利的书中：

$$R.c.\lfloor R.q.4352\,p.16\rfloor m.R.c.\lfloor R.q.4352m.16\rfloor$$

将它翻译为现在的代数语言，即

$$\sqrt[3]{\sqrt{4352}+16}-\sqrt[3]{\sqrt{4352}-16}$$

对于 $\sqrt[n]{a}$ ，我们还可以把它表示成 $a^{\frac{1}{n}}$，这个符号是由16世纪荷兰的著名数学家斯台文提出的。这种表示方法有利于概括问题，即可以把方根看成是乘方，只不过这时候的指数为分数罢了。

【题目】$\sqrt[5]{5}$ 和 $\sqrt{2}$ 相比，哪个大？

对于这类题目的解答，可以不必算出它们的数值，而是用代数方法进行解答。

【解答】把上面的两个值都10次方，则有

$$\left(\sqrt[5]{5}\right)^{10}=5^2=25$$

$$\left(\sqrt{2}\right)^{10}=2^5=32$$

显然32>25，所以

$$\sqrt[5]{5}<\sqrt{2}$$

【题目】$\sqrt[4]{4}$ 和 $\sqrt[7]{7}$ 相比，哪个大？

【解答】把上面的两个值都28次方，则有

$$\left(\sqrt[4]{4}\right)^{28}=4^{7}=2^{14}=2^{7}\times 2^{7}=128^{2}$$

$$\left(\sqrt[7]{7}\right)^{28}=7^{4}=7^{2}\times 7^{2}=49^{2}$$

显然128>49，所以

$$\sqrt[4]{4}>\sqrt[7]{7}$$

【题目】（$\sqrt{7}+\sqrt{10}$）和（$\sqrt{3}+\sqrt{19}$）相比，哪个大？

【解答】把上面的两个值都平方，则有

$$\left(\sqrt{7}+\sqrt{10}\right)^{2}=17+2\sqrt{70}$$

$$\left(\sqrt{3}+\sqrt{19}\right)^{2}=22+2\sqrt{57}$$

两个式子都减去17，得到

$$2\sqrt{70}\text{ 和 }5+2\sqrt{57}$$

再把这两个值平方，得到

$$280\text{和 }253+20\sqrt{57}$$

再把两个值都减去253，得到

$$27\text{和 }20\sqrt{57}$$

显然 $\sqrt{57}>2$，所以

$$20\sqrt{57}>40>27$$

所以

$$\sqrt{7}+\sqrt{10}<\sqrt{3}+\sqrt{19}$$

【题目】观察下面的方程，x应该等于几？

$$x^{x^3}=3$$

【解答】如果你熟悉代数符号，可以很容易看出来

$$x=\sqrt[3]{3}$$

因为当$x=\sqrt[3]{3}$时，

$$x^3=\left(\sqrt[3]{3}\right)^3=3$$

$$x^{x^3}=x^3=3$$

所以，$x=\sqrt[3]{3}$是方程的解。

如果你不能一眼就得到答案，可以用下面的方法求解。

设$x^3=y$，则$x=\sqrt[3]{y}$。

把x代入上面的方程，可以得到

$$\left(\sqrt[3]{y}\right)^y=3$$

两边都3次方，则有

$$y^y=3^3$$

显然，$y=3$。所以

$$x=\sqrt[3]{y}=\sqrt[3]{3}$$

代数喜剧

【题目】巧妙利用第六种运算，可以表演出一些代数喜剧来，就像下面的式子：2×2=5，2=3，…这样的情况妙就妙在人们都知道它是错误的，但是却不知道究竟错在哪儿。下面就来看一下，到底是如何得出这些结果的。

首先来看一下“2=3”。

比如，先在台上出现下面无可非议的等式

$$4-10=9-15$$

然后，在这个式子的两边都加上$6\frac{1}{4}$，得到

$$4-10+6\frac{1}{4}=9-15+6\frac{1}{4}$$

然后，进行下面的变换：

$$2^2-2\times2\times\frac{5}{2}+\left(\frac{5}{2}\right)^2=3\times3-2\times3\times\frac{5}{2}+\left(\frac{5}{2}\right)^2$$

即

$$\left(2-\frac{5}{2}\right)^2=\left(3-\frac{5}{2}\right)^2$$

两边都开根号，得到

$$2-\frac{5}{2}=3-\frac{5}{2}$$

再在两边都加上$\frac{5}{2}$，则有

$$2=3$$

这是为什么呢？到底哪儿出错了？

【解答】有的读者朋友可能已经看出来了，前面的解答就错在，在对

$$\left(2-\frac{5}{2}\right)^2=\left(3-\frac{5}{2}\right)^2$$

开根号的时候，得出

$$2-\frac{5}{2}=3-\frac{5}{2}$$

从两个数的二次方相等并不能推出两个数就相等。比如$(-5)^2=5^2$，但是很明显$-5\neq5$。反过来说，如果两个数的符号不同，它们的平方也有可能相等。在这个例子中，就是这样的情况：

$$\left(-\frac{1}{2}\right)^2=\left(\frac{1}{2}\right)^2$$

但是，$-\frac{1}{2}\neq\frac{1}{2}$。

下面再来看一个题目。

【题目】如图17所示，黑板上得出了下面的结论：

$$2\times2=5$$

还按照前面的方法来表演。

先在台上出现下面正确的等式：

$$16-36=25-45$$

再在这个式子的两边都加上$20\frac{1}{4}$：

$$16-36+20\frac{1}{4}=25-45+20\frac{1}{4}$$

然后，进行下面的变换

图17

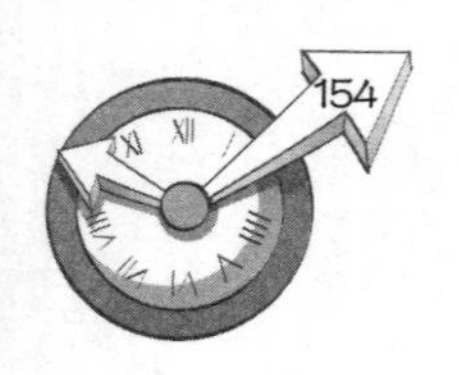

$$4^2-2\times4\times\frac{9}{2}+\left(\frac{9}{2}\right)^2=5^2-2\times5\times\frac{9}{2}+\left(\frac{9}{2}\right)^2$$

即

$$\left(4-\frac{9}{2}\right)^2=\left(5-\frac{9}{2}\right)^2$$

两边都开根号，得到

$$4-\frac{9}{2}=5-\frac{9}{2}$$

于是有

$$4=5$$

即

$$2\times2=5$$

对于初学者来说，会很容易犯这样的错误，以致闹出上面的笑话。

Chapter 6 二次方程

参加会议的人有多少

【题目】在一个会议上，所有的人都彼此握了手，根据统计，这些人握手的总次数为66次，那么，参加会议的有多少人？

【解答】如果用代数方法来解答这个题目，非常简单。假设参加会议的人数是x，那么每个人握手的次数就是$(x-1)$，所以，握手的总次数就是$x(x-1)$。需要注意的是，当甲握乙的手时，乙也握了甲的手，但是在上面的总次数中，把这两次握手都算了进去，也就是说，握手的次数应该是$x(x-1)$的一半。所以，可以得到下面的方程

$$\frac{x(x-1)}{2}=66$$

两边都乘以2，并去掉括号，得到

$$x^2-x-132=0$$

解这个方程，得

$$x=\frac{1\pm\sqrt{1+528}}{2}$$

即

$$x_1=12,\quad x_2=-11$$

显然，负数不合题意，把它舍去，这样就只剩下一个解$x=12$，也就

是说，参加会议的人数是12人。

求蜜蜂的数量

【题目】在古印度时期，曾经流传着公开解答难题的竞赛。当时的数学教材甚至以帮助人们赢得这样的竞赛为重要目的。其中一本教材这么写道：“根据这里介绍的方法，如果你足够聪明，完全可以想出来上千个别的题目。那些想出题目并进行解答的人，将会在比赛中赢得荣誉，就像太阳的光辉把星星的光芒比下去一样。”在原来的教材中，题目都是用韵文写的，下面就是从中摘录，并翻译成现代的语言的一道题目：

空中有一群蜜蜂在飞舞，其中有一些飞到了枸杞丛里面，这些蜜蜂的数量等于总数一半的平方根；剩下的那些蜜蜂是总数的$\frac{8}{9}$。另外，有一只蜜蜂独自在一朵莲花旁边徘徊，原来它是被另一只陷入香花陷阱的同伴的叫声吸引过去的。请问，这群蜜蜂有多少只？

【解答】假设这群蜜蜂一共有x只，可以列出下面的方程

$$\sqrt{\frac{x}{2}}+\frac{8}{9}x+2=x$$

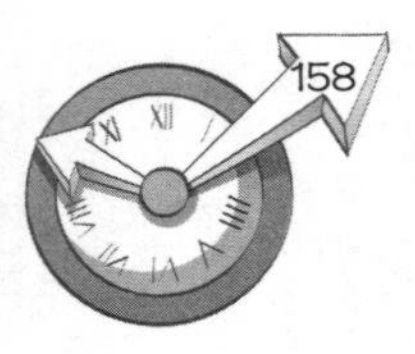

设$\sqrt{\frac{x}{2}}=y$，则

$$x=2y^2$$

从而前面的方程变为

$$y+\frac{16}{9}y^2+2=2y^2$$

即

$$2y^2-9y-18=0$$

易得方程的两个解为

$$y_1=6,\quad y_2=-\frac{3}{2}$$

由于$y=\sqrt{\frac{x}{2}}$，所以y应该是正数，故把负数解舍去。

由$\sqrt{\frac{x}{2}}=6$，得

$$x=72$$

也就是说，一共有72只蜜蜂。可以验证一下这个答案是否准确

$$\sqrt{\frac{72}{2}}+\frac{8}{9}\times 72+2=6+64+2=72$$

可见答案是正确的。

共有多少只猴子

【题目】下面再来看一个古印度的题目：

一群猴子真调皮，

分为两队在嬉戏。

八分之一再平方，

蹦蹦跳跳钻树林。

剩余十二吱吱叫，

摇头摆尾乐开怀。

两队猴子真吵闹，

算算一共有多少？

【解答】假设一共有x只猴子，则有

$$\left(\frac{x}{8}\right)^2+12=x$$

容易解得

$$x_1=48,\quad x_2=16$$

这两个解都符合题意，所以该题目有两个解，可能有48只猴子，也可能有16只猴子。

有先见之明的方程

在前面举的几个例子中，我们对方程的两个解做了不同的处理。第一个例子中，要求参加会议的人数，负数不符合题意，把它舍弃了；在第二个例子中，要求蜜蜂的只数，我们舍弃了分数解；第

三个例子中，两个解都保留了。方程有时会起到一些意想不到的作用，可以帮助我们开拓思维。下面，就来举一个这样的例子。

【题目】垂直向上抛出一个皮球，它的初速度是25米／秒。那么，多长时间后，它距离抛出点20米？

【解答】对于垂直向上抛的物体，在不考虑空气阻力的情况下，有下面的关系：

$$h = vt - \frac{1}{2}gt^2$$

其中，h为物体达到的高度，v为初速度，g为重力加速度，t为物体从抛出开始经过的时间。

在速度比较低的时候，空气阻力很小，常常忽略不计。为简化计算，这里的重力加速度g取10米／秒^2，把题目中的值代入上面的式子，可得

$$20 = 25t - \frac{10}{2}t^2$$

化简得到

$$t^2 - 5t + 4 = 0$$

易解得

$$t_1 = 1,\quad t_2 = 4$$

这个答案告诉我们，皮球有两次出现在距抛出点为20米的地方，其中一次在抛出后1秒时，另一次在抛出后4秒时。

初看起来，这似乎难以相信，有的人可能会把第二个解舍去。其实，第二个解也是合乎题意的：向上抛皮球的时候，皮球确实有两次经过高度为20米的地方，一次是上升的时候，还有一次是下落的时候。如果深入分析一下，可以得出，当皮球抛出2.5秒时，它达到了最高点，也就是距离抛出点31.25米的地方。皮球

在抛出后1秒时达到20米的高度，然后又上升了1.5秒，达到了最高点31.25米后开始下落，1.5秒后再一次到达20米的高度，又过了1秒，落回抛出点。

农妇卖蛋

在欧拉的著作《代数引论》中，有这样一道题目：

【题目】两个农妇共带着100个鸡蛋去集市上卖。虽然她们的鸡蛋数不一样多，但最后却卖了一样多的钱。一个农妇对另一个农妇说："如果把你的鸡蛋给我卖，我可以卖15个铜板。"另一个农妇说："如果把你的鸡蛋给我卖，我只能卖$6\frac{2}{3}$个铜板。"请问，她们分别带了多少个鸡蛋？

【解答】设第一个农妇带了x个鸡蛋，则另一个带了（$100-x$）个。如果第一个农妇也卖第二个农妇的（$100-x$）个鸡蛋，她可以卖15个铜板，所以她卖鸡蛋的价格是每个$\frac{15}{100-x}$个铜板。

同样的方法，可以得出第二个农妇卖鸡蛋的价格是每个$\frac{6\frac{2}{3}}{x}=\frac{20}{3x}$个铜板。

于是，第一个农妇卖得的铜板数为

$$x\times\frac{15}{100-x}=\frac{15x}{100-x}$$

第二个农妇卖得的铜板数为

$$(100-x)\times\frac{20}{3x}=\frac{20(100-x)}{3x}$$

由于她们卖得的钱数相等，所以

$$\frac{15x}{100-x}=\frac{20(100-x)}{3x}$$

化简可得

$$x^2+160x-8000=0$$

解方程得

$$x_1=40,\quad x_2=-200$$

显然，本题中的负数解没有意义，所以舍去。这样，我们就得到了答案，第一个农妇带了40个鸡蛋，另一个带了60个鸡蛋。

其实，本题还有一个非常简单的解法，但并不是人人都能想到的。

设第二个农妇带的鸡蛋数是第一个的k倍，由于她们卖得的钱数相等，所以第一个农妇卖出每个鸡蛋的价格是第一个的k倍。如果在卖鸡蛋之前，她们把鸡蛋进行了对换，那么第一个农妇手中的鸡蛋数就是第二个农妇的k倍，而她的卖价也是第二个的k倍，所以她卖得的钱数应该是第二个农妇的k^2倍，即

$$k^2=15\div6\frac{2}{3}=\frac{45}{20}=\frac{9}{4}$$

所以

$$k=\frac{3}{2}$$

也就是说，第二个农妇的鸡蛋数是第一个农妇的$\frac{3}{2}$倍，容易

得出，第一个农妇带了40个鸡蛋，第二个农妇带了60个鸡蛋。

扩音器

【题目】如图18所示，在广场上有两组扩音器：一组2个，另一组3个。两组之间的距离是50米。请问，哪个点的声音强弱是一样的？

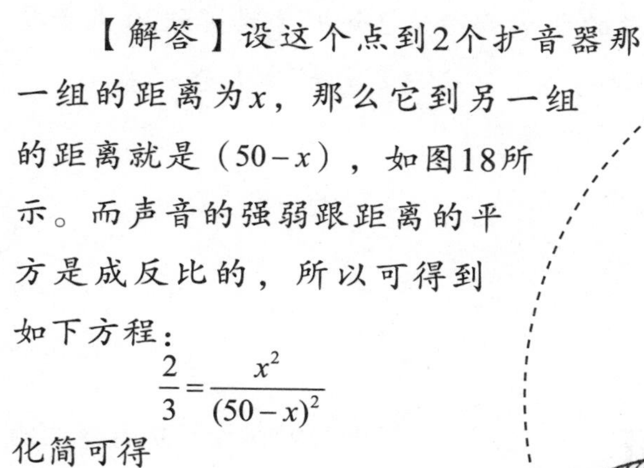

【解答】设这个点到2个扩音器那一组的距离为x，那么它到另一组的距离就是（$50-x$），如图18所示。而声音的强弱跟距离的平方是成反比的，所以可得到如下方程：

$$\frac{2}{3}=\frac{x^2}{(50-x)^2}$$

化简可得

$$x^2+200x-5000=0$$

解方程得

$$x_1=22.5,\quad x_2=-222.5$$

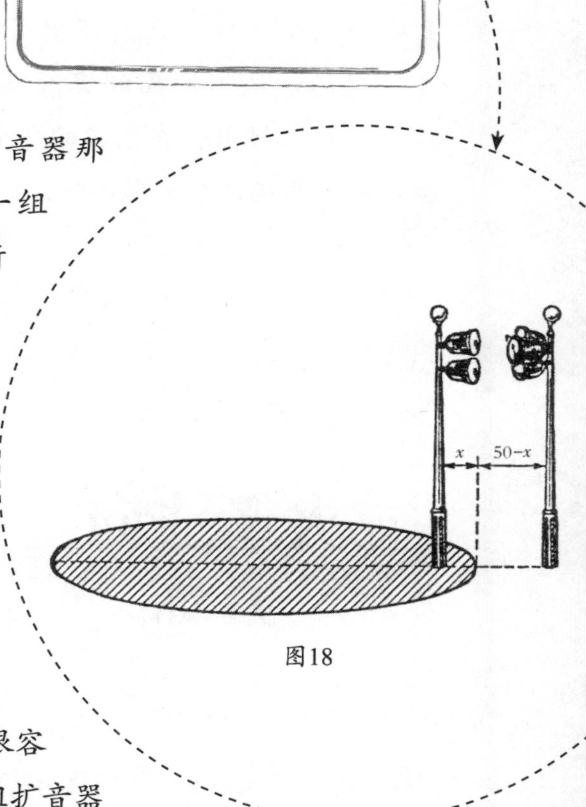

图18

对于方程的第一个解，我们很容易理解，它说明所求的点位于两组扩音器

之间，而且距离2个扩音器那一组22.5米，距离3个扩音器那一组27.5米。

但是，方程还有一个负数解，这个解有没有意义呢？

这个解也是有意义的，这里的负号表示所求的点位于事先规定的正方向相反的方向上。

也就是说，这个点位于2个扩音器那一组的左边222.5米处，此时这个点距离3个扩音器那一组222.5+50=272.5米。

通过以上的方法，在连接扩音器的直线上找到了两个点，在这两个点上，声音的强弱是一样的。其实，不仅在这两个点上声音的强弱一样，在图18中阴影部分的圆周上，声音的强弱都是一样的。这个圆周的直径就是刚才的两个点之间的距离。此外，还可以得出，在图中的阴影部分，2个扩音器那组的声音要强一些，而在这个阴影之外，3个扩音器那组的声音强一些。

火箭飞向月球

前面我们讨论了扩音器的题目，其实这个问题跟火箭飞向月球的问题有很多相似之处。可能很多人以为，讨论天空中某个微小物体的运动，一定是很复杂的事情，其实不然。当火箭向月球飞行的时候，只要保证它能飞过地球和月球对它的引力相等的那个点就可以了，在后面的飞行中，火箭就会在月球的引力作用下朝着月球飞去。下面，就来找一下这个点。

根据牛顿定律，两个物体间的引力跟它们质量的乘积成正比，跟它们距离的平方成反比。如图19，设地球的质量为M，火箭与它的距离为x，那么地球对单位质量（单位：克）火箭的引力为

$$\frac{M\mathrm{k}}{x^2}$$

其中，k表示1克质量和另1克质量在距离为1厘米时的引力。

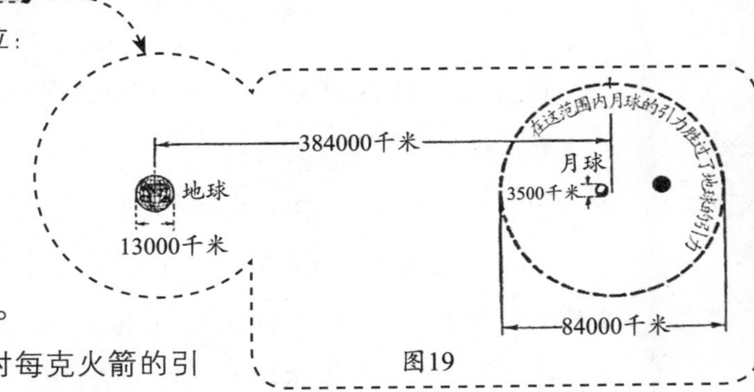

图19

同样，容易得出月亮对每克火箭的引力为

$$\frac{m\mathrm{k}}{(l-x)^2}$$

其中，m表示月球的质量，l表示月球和地球之间的距离。需要说明的是，这里假设火箭在地球和月球的连线上。

根据题意，可得

$$\frac{M\mathrm{k}}{x^2}=\frac{m\mathrm{k}}{(l-x)^2}$$

$$\frac{M}{m}=\frac{x^2}{l^2-2lx+x^2}$$

根据已知的知识，我们知道

$$\frac{M}{m}=81.5$$

把这个结果代入上面的式子，有

$$\frac{x^2}{(l-x)^2}=81.5$$

化简可得

$$80.5x^2 - 163lx + 81.5l^2 = 0$$

解方程得

$$x_1 = 0.9l, \quad x_2 = 1.12l$$

跟前面扩音器的题目一样，也可以这样解释这两个解的意义。在月球和地球的连线上，存在着这样的两个点，在这两个点上，地球和月球对火箭的引力相等。其中，第一个点位于地球和月球之间，距离地球中心相当于月地距离0.9倍的地方；另一个点位于它们连线的延长线上，距离地球中心相当于月地距离1.12倍的地方，也就是说，这个点和地球位于月球的两边。由于月地距离约为384000千米，所以第一个点距离地球中心的346000千米，第二个点距离地球中心约430000千米。

根据上一节的例子，如果以这两个点为直径做一个球面，那么在球面上的任一点，地球和月球对火箭的引力都是相等的。也就是说，这些点也符合题目的要求。

我们可以得出这个球的直径为

$$1.12l - 0.9l = 0.22l \approx 84000 \text{（千米）}$$

有的读者朋友会错误地认为，只要火箭落入月球引力的范围，它就会朝着月球飞过去。换句话说，只要火箭进入月球的引力范围，它就一定会落到月球表面，在这个范围内月球的引力大于地球的引力。如果这是真的，那么关于飞向月球的问题就很容易解决了。

但这个结论是不正确的，要证明这一点并不难。

火箭从地球发射升空后，由于地球引力的作用，它的速度会减低，假设当它到达月球引力的范围时速度降到了零，那就不可能继续朝着月球飞去了。

当火箭飞到月球的引力范围之内时，它仍然会受到地球引力的作用。所以，当火箭飞到地球和月球的连线之外时，它要克服的力就不仅仅是地球引力了，而是根据平行四边形法则形成的一个合力，该合力不直接指向月球。

此外，月球并不是固定不动的，它一直在变换着位置。这时，我们就需要考虑火箭相对于月球的运动速度。月球绕地球的旋转速度为1千米/秒，而火箭对月球的相对速度就不能为零。所以，相对于月球来说，火箭的运动速度必须足够大，才能保证月球对火箭的引力足够大，这时候的火箭就相当于月球的一颗卫星。

当火箭到达月球引力的范围时，月球引力才会对火箭产生作用。火箭在空间飞行时，只有进入月球的影响范围，也就是到达半径为66000千米的球形范围时，才需要考虑月球引力的影响。这时，地球的引力可以忽略不计，只考虑月球的引力就可以了。当然，这时候的火箭就会朝着月球飞去。所以，要想让火箭朝着月球飞去，并非只进入那个直径84000千米的球形范围那样简单。

画中的“难题”

如图20所示，这是波格丹诺夫-别尔斯基的一幅名画，名字叫《口算》，有的读者可能知道它。但是，看过这幅画的人并不一定深入

图20

了解图中的"难题"。这个所谓的"难题"就是要人们利用口算很快算出下面式子的值：

$$\frac{10^2+11^2+12^2+13^2+14^2}{365}$$

这个题目看上去并不容易解答。但是，对于画中的老师拉金斯基所教的学生来说，这个题目并不难。拉金斯基是一位自然科学领域的教授，他放弃了大学教授的职位，自愿到乡村当了一名普通的数学教师。他在学校的时候学习过口算，对于数的性质很了解。他发现，10，11，12，13，14有下面的特性：

$$10^2+11^2+12^2=13^2+14^2$$

而$10^2+11^2+12^2=365$，所以，对于前面的分式，可以很容易得出答案，结果等于2。

正是代数方法，可以使我们对数的一些有趣特性得以推广。

读者可能会有这样的疑问：除了前面的5个数字，还有没有别的连续整数，也满足这一特性？

【解答】不妨假设这种可能是存在的，并且设其中的一个数为x，那么，可以列出下面的方程：

$$x^2+(x+1)^2+(x+2)^2=(x+3)^2+(x+4)^2$$

这个方程求解起来不是很方便。所以不妨设第二个数为x，于是得到方程：

$$(x-1)^2+x^2+(x+1)^2=(x+2)^2+(x+3)^2$$

化简可得

$$x^2-10x-11=0$$

解方程得

$$x_1=11,\quad x_2=-1$$

也就是说，满足这一条件的数有两组，分别是

10，11，12，13，14

和

−2，−1，0，1，2

事实上，

$$(-2)^2+(-1)^2+0^2=1^2+2^2$$

所以，这组数也满足题目的要求。

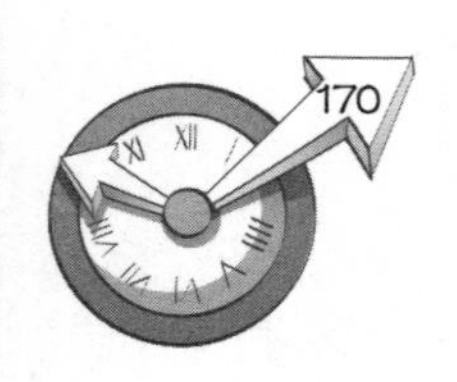

找出3个数

【题目】找出3个相邻的整数，使得中间那个数的平方比另外两个数的乘积多1。

【解答】设第一个数是x，可以列出下面的方程

$$(x+1)^2 = x(x+2)+1$$

化简可得

$$x^2+2x+1 = x^2+2x+1$$

显然，这是一个恒等式，也就是说，对于任何的数值，这个等式都是成立的。换句话说，任何相邻的3个整数，都具有上面的性质。举例来说，任取3个整数17，18，19，则有

$$18^2-17\times19=324-323=1$$

其实，如果假设中间的那个数是x，很容易得出上面的结论，因为

$$x^2-1=(x-1)(x+1)$$

很明显，这是一个恒等式。

Chapter7 最大值和最小值

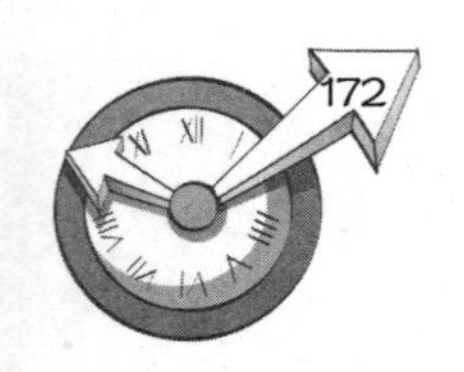

两列火车的最近距离

在本章中，我们将讨论一些有趣的题目，即求最大值或者最小值的问题。对于这类题目的求解，有很多种方法，这里只介绍其中的一种。

数学家切比舍夫著有《地图绘制》一书，其中有这样的叙述：有一种方法具有特殊的意义，它帮助人们解答了最普遍和最实际的问题，即如何实现利益的最大化。

【题目】有两条垂直相交的铁路线，两列火车同时朝着交点开来。其中一列火车的出发点距离交点40千米，另一列火车的出发点距离交点50千米。已知前面一列火车的速度是800米／分钟，后面一列火车的速度是600米／分钟。

那么，从它们出发开始算起，多长时间后这两列火车的车头距离最近，这个最近距离是多少？

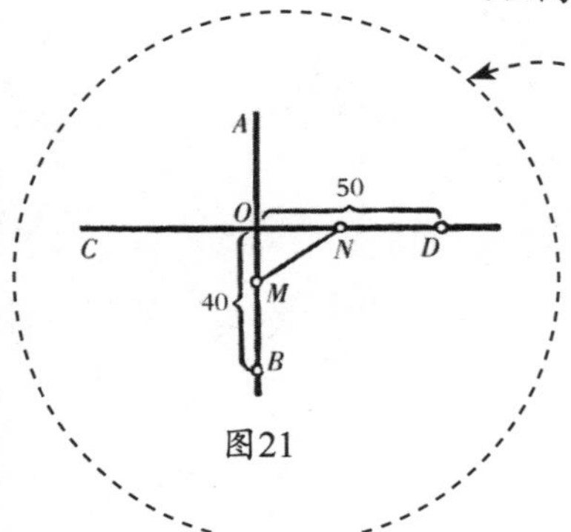

图21

【解答】我们先把示意图画出来。如图21所示，直线AB和CD是这两条铁路，两列火车分别从点B和点D出发，朝着点O的方向开动。假设两列火车在开出x分钟后车头距离最近，并设这个距离为$MN=m$。

那么，从点B出发的火车所走的路程是

$BM=0.8x$ 千米，所以

$$OM = 40 - 0.8x$$

同理，可以求得$ON = 50 - 0.6x$。

根据勾股定理，可以得到

$$MN = m = \sqrt{OM^2 + ON^2} = \sqrt{(40 - 0.8x)^2 + (50 - 0.6x)^2}$$

对方程

$$m = \sqrt{(40 - 0.8x)^2 + (50 - 0.6x)^2}$$

进行化简，可得

$$x^2 - 124x + 4100 - m^2 = 0$$

解方程得

$$x = 62 \pm \sqrt{m^2 - 256}。$$

由于x为经过的时间，所以x不可能为虚数，因此（$m^2 - 256$）肯定不小于0，即$m^2 \geqslant 256$。要求m的最小值，只有当$m^2 = 256$时，m的最小值为16。这时的x值为

$$x=62$$

即当两列火车开出62分钟时，它们的车头距离最近，这个距离是16千米。

下面，来求一下此时车头的位置。容易得出

$$OM = 40 - 0.8x = 40 - 0.8 \times 62 = -9.6$$

$$ON = 50 - 0.6x = 50 - 0.6 \times 62 = 12.8$$

也就是说，此时第一列火车已经越过了交叉点，它离交叉点的距离是9.6千米；而第二列火车还没有到交叉点，它离交叉点的距离是12.8千米。如图22所示，点M和N就是此时两列火车的正确位置，这与一开始画的示意图完全不同。可见，由于正负号的存

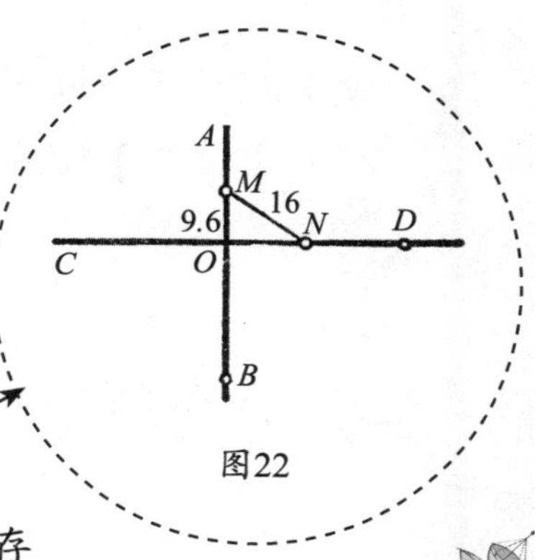

图22

在，方程帮我们纠正了错误。

车站应该设在哪里

【题目】如图23所示，在一条铁路线的一边有一座村庄B，它距离铁路线的距离是20千米。现在要在铁路线上设一座车站C，使得沿铁路AC和沿公路CB，即从点A到点B所用的时间最短。已知火车的速度是0.8千米/分钟，沿着公路行进的速度是0.2千米/分钟。请问，车站C应该设在哪里？

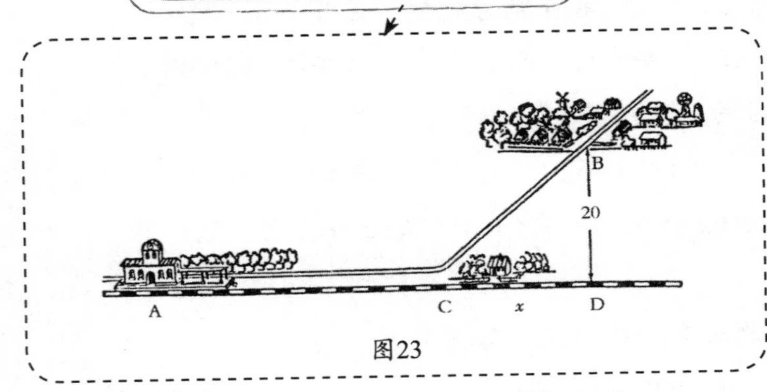

图23

【解答】设图中的距离AD为a，距离CD为x，则

$$AC = AD - CD = a - x$$

$$CB = \sqrt{CD^2 + BD^2} = \sqrt{x^2 + 20^2}$$

乘坐火车从点A到车站C的时间为

$$\frac{AC}{0.8} = \frac{a - x}{0.8}$$

步行从车站C到村庄B的时间为

$$\frac{CB}{0.2}=\frac{\sqrt{x^2+20^2}}{0.2}$$

从点A到点B所用的总时间就是

$$\frac{a-x}{0.8}+\frac{\sqrt{x^2+20^2}}{0.2}$$

问题即求上式的最小值。

设

$$\frac{a-x}{0.8}+\frac{\sqrt{x^2+20^2}}{0.2}=m$$

变形后得到

$$\frac{-x}{0.8}+\frac{\sqrt{x^2+20^2}}{0.2}=m-\frac{a}{0.8}$$

等式两边同乘以0.8，得

$$-x+4\sqrt{x^2+20^2}=0.8m-a$$

再设$k=0.8m-a$，化简后得到下面的方程

$$15x^2-2kx+6400-k^2=0$$

解方程得

$$x=\frac{k\pm\sqrt{16k^2-96000}}{15}$$

由于$k=0.8m-a$，所以当m取最小值的时候，k也取最小值，反过来也一样。由于x必须是实数，所以（$16k^2-96000$）应该不小于0。也就是说，$16k^2$的最小值为96000。这时，

$$16k^2=96000$$

当$k=\sqrt{6000}$时，m的值最小。此时

$$x=\frac{k\pm 0}{15}=\frac{\sqrt{6000}}{15}\approx 5.16$$

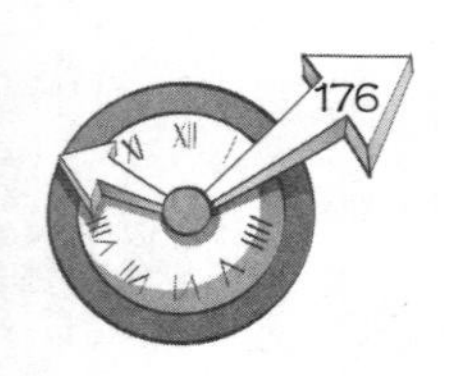

所以，这个车站C应该设在距离点D大约5千米的地方。

在以上的分析过程中，并没有考虑a的大小，在一开始我们就假设$a>x$，所以只有当$a>x$时，方程的解才有意义。如果$x=a\approx5.16$，或者当$a<5.16$千米，那么根本不需要设置车站C，只要沿公路从点A到点B就可以了。

在本题中，我们比方程考虑得更周到一些。如果只是一味地信任方程，就会在$x=a$的情况下继续在车站A的旁边设一个车站C，这完全是一个笑话。因为在这种情况下，$x>a$，乘坐火车的时间成了负数。这个题目给读者这样的启示：在利用数学工具解答实际问题的时候，必须非常小心，如果脱离了实际，就会得出令人啼笑皆非的结果。

如何确定公路线

【题目】如图24所示，有一批货物要从河边的城市A运到下游方向的点B处，已知点B在河下游a千米的地方，并且距离河岸d千米。假设水路的运费是公路的一半，现在想在

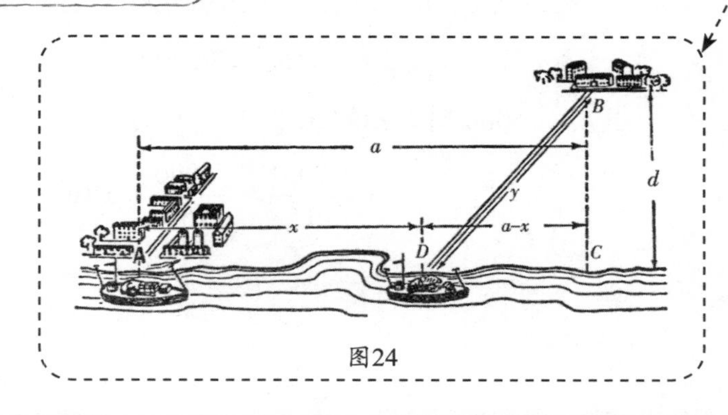

图24

点D处修一条公路通往点B，使得从城市A到点B的运费最少。那么，点D应该选在什么地方？

【解答】设距离$AD=x$，公路的长度$BD=y$。由题意知，$AC=a$，$BC=d$。公路的运费是水路的2倍，要求总的运费最小就相当于求

$$x+2y$$

的最小值。

由已知得，$x=a-DC$，而$DC=\sqrt{y^2-d^2}$。设$x+2y=m$，则有

$$a-\sqrt{y^2-d^2}+2y=m$$

去根号，得

$$3y^2-4(m-a)y+(m-a)^2+d^2=0$$

解方程得

$$y=\frac{2}{3}(m-a)\pm\frac{\sqrt{(m-a)^2-3d^2}}{3}$$

由于y必为实数，所以$(m-a)^2\geqslant 3d^2$。因此$(m-a)^2$的最小值为$3d^2$，这时

$$m-a=\sqrt{3}d$$

$$y=\frac{2(m-a)}{3}=\frac{2\sqrt{3}}{3}d$$

在图24中，$\sin\angle BDC=\frac{d}{y}$。即

$$\sin\angle BDC=\frac{d}{y}=\frac{d}{\frac{2\sqrt{3}}{3}d}=\frac{\sqrt{3}}{2}$$

所以，$\angle BDC=60°$。也就是说，不论a多长，只要使公路与河的夹角为60°就可以了。

在这个题目中，我们遇到了跟前面一样的情况，方程的解只在某些条件下才有意义。如果城市A和点B的连线与河的夹角为60°，则根本不需要水路运输，直接在城市A和点B之间修一条公路就可以了。

何时乘积最大

很多求变数的最大值或者最小值的题目，都可以利用代数定理来求解，本节我们就将介绍这条定理。在这之前，先来看下面的题目。

【题目】两个数的和一定，要想它们的乘积最大，这两个数应该分别是多少？

【解答】设两个数的和为a，则所求的两个数可以表示为

$$\left(\frac{a}{2}+x\right)和\left(\frac{a}{2}-x\right)$$

其中x表示每个数与$\frac{a}{2}$的差。那么，它们的乘积为

$$\left(\frac{a}{2}+x\right)\left(\frac{a}{2}-x\right)=\frac{a^2}{4}-x^2$$

很明显，x越小，这个乘积就越大。当$x=0$，也就是分成的两个数相等时，它们的乘积最大。

下面，再来看3个数的情形。

【题目】设3个数之和为a，如何分成三个数才能使它们的乘

积最大？

【解答】对于这个题目，需要用到前面题目的结论。

假设分成的3个数互不相等，也就是说，每个数都不等于$\frac{a}{3}$，那么这3个数中必定有一个大于$\frac{a}{3}$，设这个数为

$$\frac{a}{3}+x$$

同理，这3个数中必定有一个小于$\frac{a}{3}$，设这个数为

$$\frac{a}{3}-y$$

其中，x和y都是正数。显然，第三个数就是

$$\frac{a}{3}+y-x$$

由于$\frac{a}{3}$与（$\frac{a}{3}-y+x$）的和等于（$\frac{a}{3}+x$）与（$\frac{a}{3}-y$）的和，而前面两个数的差为$(x-y)$，小于后面两个数的差$(x+y)$。那么，根据上一个题目的结论，有

$$\frac{a}{3}\left(\frac{a}{3}-y+x\right)>\left(\frac{a}{3}+x\right)\left(\frac{a}{3}-y\right)$$

这样的话，如果把$\frac{a}{3}$和（$\frac{a}{3}-y+x$）换成（$\frac{a}{3}+x$）和（$\frac{a}{3}-y$），第三个数不变，那么它们的乘积就会增加。

现在假设其中一个数为$\frac{a}{3}$，另外的两个数就可以表示为

$$\left(\frac{a}{3}+z\right)和\left(\frac{a}{3}-z\right)$$

如果这两个数也等于$\frac{a}{3}$，那么它们的乘积就会更大。这时的乘积等于

$$\frac{a}{3}\times\frac{a}{3}\times\frac{a}{3}=\frac{a^3}{27}$$

换句话说，如果把a分成互不相等的3个数，它们的乘积一定

比上面的乘积小。即将a平均分成3部分时，它们的乘积最大。

同理，可以证明4个数、5个数，甚至更多数的情况。它们都是在各部分相等的时候乘积最大。

下面，来讨论更一般的情形。

【题目】如果$x+y=a$，那么当x和y各取什么值时，$x^p y^q$的值最大？

【解答】本题实际就是求x为何值时，式子

$$x^p(a-x)^q$$

的值最大。

将上式乘以$\frac{1}{p^p q^q}$，得到

$$\frac{x^p}{p^p}\times\frac{(a-x)^q}{q^q}$$

很明显，当这个式子的值最大时，前面的式子取到最大值。

对上式进行以下变换：

$$\underbrace{\frac{x}{p}\times\frac{x}{p}\times\cdots\times\frac{x}{p}}_{p\text{次}}\times\underbrace{\frac{a-x}{q}\times\frac{a-x}{q}\times\cdots\times\frac{a-x}{q}}_{q\text{次}}$$

上面所有乘数的和

$$\underbrace{\frac{x}{p}+\frac{x}{p}+\cdots+\frac{x}{p}}_{p\text{次}}+\underbrace{\frac{a-x}{q}+\frac{a-x}{q}+\cdots+\frac{a-x}{q}}_{q\text{次}}$$

$$=\frac{px}{p}+\frac{q(a-x)}{q}=x+a-x=a$$

显然，它们的和为常数。

根据前面的分析，可以得到下面的结论：

当各个乘数相等的时候，它们的乘积

$$\underbrace{\frac{x}{p}\times\frac{x}{p}\times\cdots\times\frac{x}{p}}_{p次}\times\underbrace{\frac{a-x}{q}\times\frac{a-x}{q}\times\cdots\times\frac{a-x}{q}}_{q次}$$

取得最大值，即

$$\frac{x}{p}=\frac{a-x}{q}$$

时，上面的乘积最大。

由于$a-x=y$，所以可以得到下面的式子：

$$\frac{x}{y}=\frac{p}{q}$$

也就是说，当x和y满足上面的关系时，x^py^q取得最大值。

同理，可以证明：

如果$x+y+z$保持不变，$x^py^qz^r$在$x:y:z=p:q:r$时取得最大值；

如果$x+y+z+t$保持不变，$x^py^qz^rt^u$在$x:y:z:t=p:q:r:u$时取得最大值；

……

什么情况下和最小

如果读者想验证自己对于代数定理的证明能力，可以试着证明下面的命题：

（1）如果两个数的乘积一定，那么当两数相等的时候它们的和最小。

比如，如果两个数的乘积为36，那么这两个数可能是4和9，或

者3和12，或者2和18，或者1和36，等等。当这两个数都为6的时候，它们的和为12 ，是最小的，其他的和都大于12：4+9=13，3+12=15，2+18=20，1+36=37，等等。

（2）如果几个数的乘积一定，那么当这几个数相等时它们的和最小。

比如，如果3个数的乘积是216，那么这3个数可能是3，12和6，或者2，18和6，或者9，6和4，等等。当这三个数都为6的时候，它们的和为18，是最小的，其他的和都大于18：3+12+6=21，2+18+6=26，9+6+4=19，等等。

下面，通过一些实例来说明这些命题的应用。

什么形状的方木梁体积最大

【题目】如图25所示，如果想把图中的圆木锯成一根方木梁，如何锯才能使方木梁的体积最大？

【解答】设锯成的方木梁的矩形截面的两边长分别为x和y，根据勾股定理，有下面的关系

$$x^2 + y^2 = d^2$$

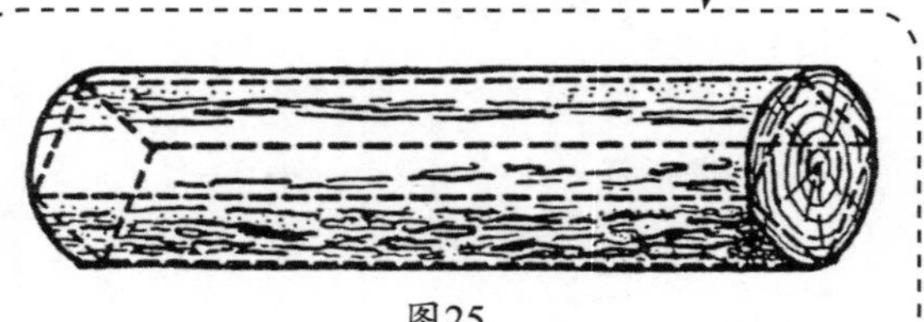

图25

其中d为圆木的直径。显然，当方木梁的截面面积最大时，它的体积最大。也就是说，当xy取最大值的时候，体积最大。而xy最大时，x^2y^2也必定最大，根据上面的式子，(x^2+y^2)为定值，所以当$x^2=y^2$时，x^2y^2最大。换句话说，当$x=y$时，xy最大。

也就是说，方木梁的截面应该为正方形。

两块土地的问题

【题目】（1）一块面积为定值的矩形地块，当它是什么形状时，周围的篱笆最短？

（2）有一块矩形地块，它周围的篱笆长度为定值，当它是什么形状时面积最大？

【解答】（1）设矩形地块的两个边分别为x和y，则它的面积为xy，周围的篱笆长度为$(2x+2y)$。

根据之前的结论，由于xy为定值，所以当$x=y$时，$(x+y)$最小，从而$(2x+2y)$最小。也就是说，地块的形状应该为正方形。

（2）设矩形的两边分别为x和y，则周围篱笆的长度为$(2x+2y)$，面积为xy。

根据之前的结论，由于$(2x+2y)$为定值，所以当$2x=2y$时，

$2x\times 2y$取最大值，即当$x=y$的时候，xy取最大值。这时地块的形状为正方形。

从这个题目中，可以得出下面的结论：在所有面积相等的矩形中，正方形的周长是最短的；在所有周长相等的矩形中，正方形的面积是最大的。

什么形状的风筝面积最大

【题目】一个风筝为扇形，它的周长是固定的，当它是什么形状时面积最大？

【解答】这个题目实际上是求：对于周长为定值的扇形，弧长和半径分别取多大时，它的面积最大。

如图26所示，设扇形的半径为x，弧长为y，则它的周长l为

$$l=2x+y$$

所以，它的面积为

$$S=\frac{xy}{2}=\frac{x(l-2x)}{2}$$

题目即求：当x取何值的时候，S取最大值。由于$2x+(l-2x)=l$为定值，所以，$2x(l-2x)$在$2x=(l-2x)$时取最大值。换句

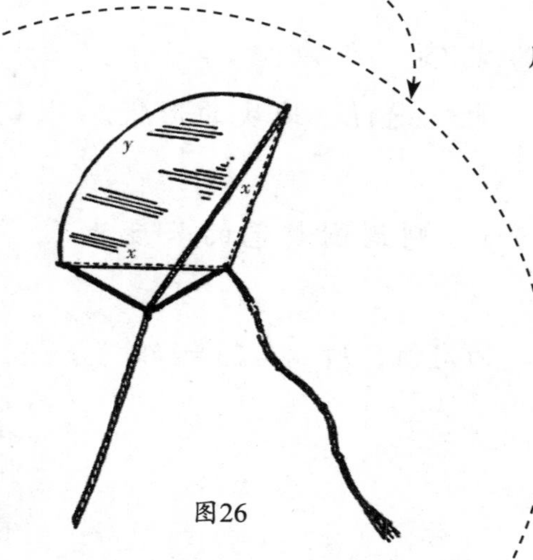

图26

话说，当

$$x=\frac{l}{4}$$

$$y=l-2x=l-2\times\frac{l}{4}=\frac{l}{2}$$

时，$2x(l-2x)$ 取最大值，也就是 $x(l-2x)$ 取最大值，从而S取最大值。

综上所述，对于周长为定值的扇形，当半径为弧长的一半时，它的面积最大。此时，还可以进一步求出扇形的角大概为115°，约为2弧度。当然，这样的风筝是否可以飞起来，不是这里需要讨论的问题。

修建房子

【题目】一栋房子只剩下了一堵墙，现在要在此基础上建造新房子。已知这堵墙的长度是12米，要求新房子的面积达到112平方米。此外，现在的经济条件如下：

（1）修理1米旧墙的费用是建新墙的25%；

（2）如果把旧墙拆掉，再用旧料建新墙，那么每米的费用是用新料建新墙的50%。

请问，如何利用这堵旧墙最划算？

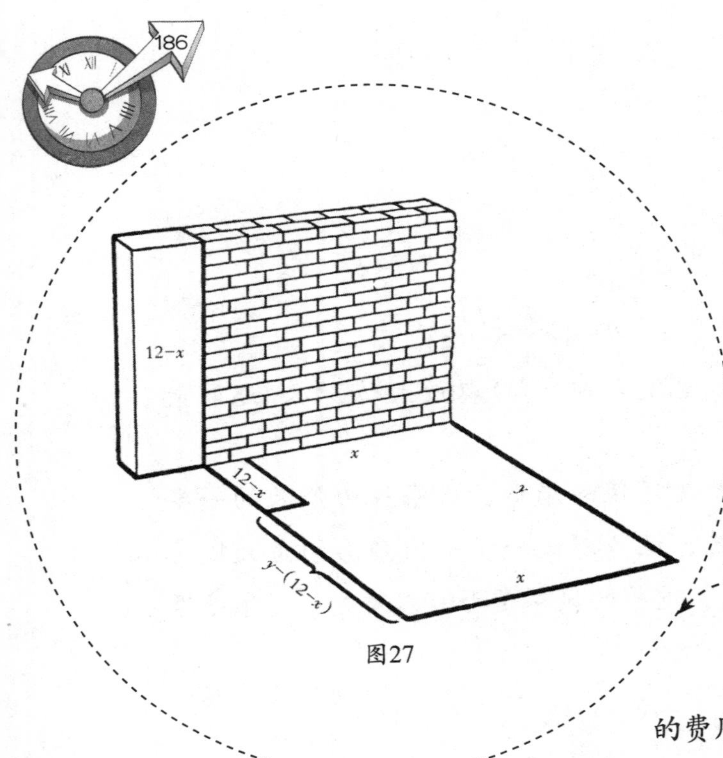

图27

【解答】设旧墙保留了x米（即原来长12米的边长，现在变为x米），另外一边长为y米。那么拆掉的长度就是（$12-x$）米，并把拆下来的旧料用到新墙的建造上，如图27所示。

设用新料建每米新墙的费用为a，那么修理x米旧墙的费用就是$\frac{ax}{4}$，用旧料建（$12-x$）米新墙的费用为$\frac{a(12-x)}{2}$；其他的费用为$a[y-(12-x)]$，即$a(y+x-12)$；第三面墙的建造费用为ax；第四面的费用为ay。全部费用就是

$$\frac{ax}{4}+\frac{a(12-x)}{2}+a(y+x-12)+ax+ay=\frac{a(7x+8y)}{4}-6a$$

显然，当（$7x+8y$）取最小值时，上式的值最小。

由于房子的面积为112，也就是$xy=112$，所以有

$$7x\times8y=56\times112$$

这时，7x和8y的乘积为定值，所以当

$$7x=8y$$

时，（$7x+8y$）的值最小。

也就是说，当

$$y=\frac{7}{8}x$$

时，费用最少。

把上式代入$xy=112$，可以得到

$$\frac{7}{8}x^2=112$$

所以

$$x=\sqrt{128}\approx 11.3$$

也就是说，拆掉的旧墙的长度应该是$12-x=12-11.3=0.7$米。

何时圈起的面积最大

【题目】盖房子的时候，需要先用栅栏把工地圈起来。现在，手头的材料只能做l米长的栅栏。此外，有一段旧墙可以用来作为栅栏的一个边，如图28所示。那么，如何做才能使圈起来的面积最大？

【解答】设用了这段旧墙的x米作为栅栏的一条边，栅栏的宽度为y米。

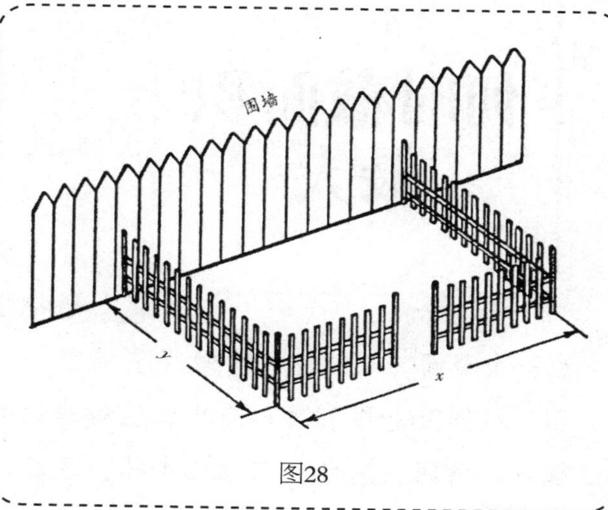

图28

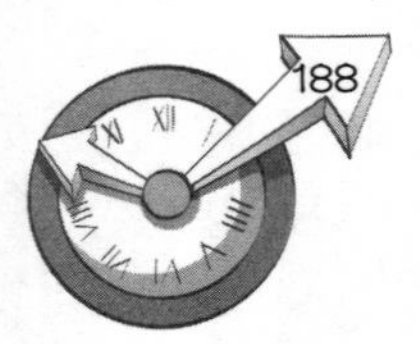

那么需要的新栅栏的长度就是（$x+2y$）米，所以

$$x+2y=l$$

围起来的面积为

$$S=xy=y(l-2y)$$

现在要求S的最大值。由于

$$2y+(l-2y)=l$$

为定值，所以当$2y=(l-2y)$时，$2y(l-2y)$取最大值，从而S也取最大值。容易得出，此时

$$y=\frac{l}{4}$$

$$x=l-2y=\frac{l}{2}$$

也就是说，当$x=\frac{l}{2}$，$y=\frac{l}{4}$时，圈起来的面积最大。

何时截面积最大

【题目】如图29所示，这是一块矩形铁片，现在想把它做成一个截面为等腰梯形的槽。

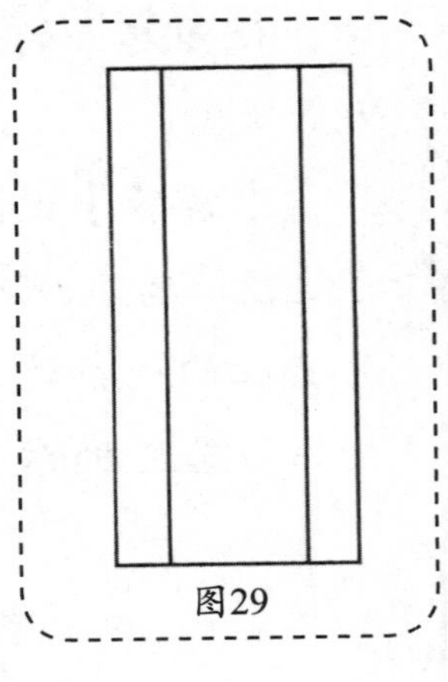
图29

从图30和图31可以看出，这种槽的样子很多。请问，应该如何做这个槽，才能使它

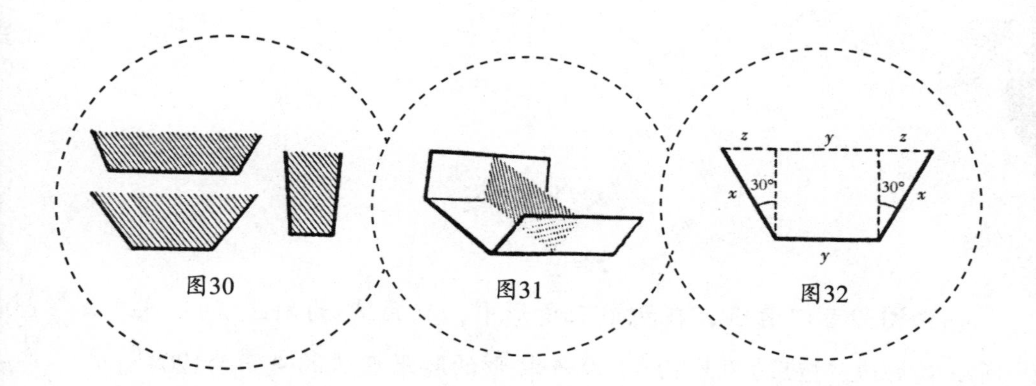

图30　图31　图32

的截面积最大？

【解答】设铁片的宽度为l，槽侧面的宽度为x（即截面等腰梯形的腰长为x），底面的宽度y，并引入未知数z来表示如图32所示的部分。

槽的截面为梯形，该面积为

$$S=\frac{(z+y+z)+y}{2}\sqrt{x^2-z^2}=\sqrt{(y+z)^2(x^2-z^2)}$$

现在的问题就是求出x，y和z的值，使面积S最大。另外，这里的$2x+y=l$为定值。

对上面的等式进行变换，得

$$S^2=(y+z)^2(x+z)(x-z)$$

等式两边同乘以3，得

$$3S^2=(y+z)^2(x+z)(3x-3z)\text{。}$$

从上式可以看出，右边的4个乘数之和为

$$(y+z)+(y+z)+(x+z)+(3x-3z)=2y+4x=2l$$

即为定值。根据之前的结论，当这4个乘数相等时，它们的乘积最大。即

$$y+z=x+z$$

$$y+z=3x-3z$$

容易得出

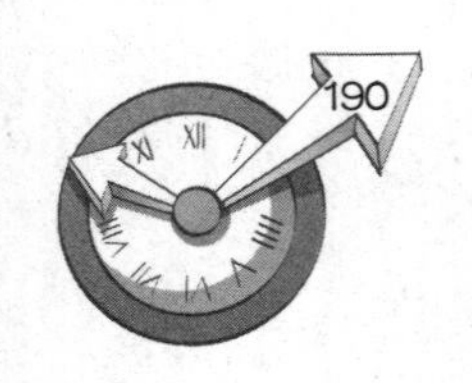

$$x=y=\frac{l}{3}$$

$$z=\frac{x}{2}=\frac{l}{6}$$

由图32可以看出，在两个三角形中，直角边z为斜边x的一半，所以直角边z对应的角为30°，从而梯形的腰跟底边的夹角为120°。

也就是说，当槽的截面正好是正六边形的3个相邻边时，这个槽的截面积最大。

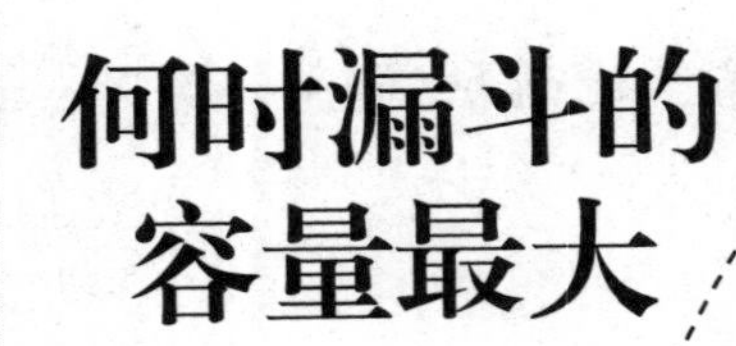

【题目】如图33所示，要用圆形铁片做一个漏斗，需要切掉一个扇形。那么，切去的这个扇形内角应该为多少度，才能使做成漏斗的容量最大？

【解答】设切掉的扇形圆铁片弧长为x，半径为R。则做成的圆锥形漏斗的母线也是R，漏斗的底面周长为x。从而漏斗的底面半径r为：

$$r=\frac{x}{2\pi}$$

根据勾股定理，圆锥的高为

图33

$$H=\sqrt{R^2-r^2}=\sqrt{R^2-\frac{x^2}{4\pi^2}}$$

所以，圆锥的体积为

$$V=\frac{\pi r^2 H}{3}=\frac{\pi}{3}\left(\frac{x}{2\pi}\right)^2\sqrt{R^2-\frac{x^2}{4\pi^2}}$$

等式两边平方，并除以$\left(\frac{\pi}{3}\right)^2$，再乘以2得

$$\frac{18V^2}{\pi^2}=\left(\frac{x}{2\pi}\right)^4\left[2R^2-2\left(\frac{x}{2\pi}\right)^2\right]=\left(\frac{x}{2\pi}\right)^2\left(\frac{x}{2\pi}\right)^2\left[2R^2-2\left(\frac{x}{2\pi}\right)^2\right]$$

上式右边的3个乘数满足下面的关系：

$$\left(\frac{x}{2\pi}\right)^2+\left(\frac{x}{2\pi}\right)^2+\left[2R^2-2\left(\frac{x}{2\pi}\right)^2\right]=2R^2$$

这是一个定值。根据前面的结论，当

$$\left(\frac{x}{2\pi}\right)^2=2R^2-2\left(\frac{x}{2\pi}\right)^2$$

时，上面的式子取得最大值。此时

$$3\left(\frac{x}{2\pi}\right)^2=2R^2$$

容易得出

$$x=\frac{2\sqrt{6}}{3}\pi R\approx 5.15R$$

如果换算成弧度，大约是295°，即切掉的扇形内角应该为

$$360°-295°=65°$$

怎样才能将硬币照得最亮

【题目】如图34所示，桌子上放着一枚硬币，旁边点着一支蜡烛。当火焰离桌面多高时，可以把硬币照得最亮？

【解答】有的读者可能会觉得，要想把硬币照得最亮，只要火焰足够低就行了，其实不然。如果火焰太低，光线就会斜着照到硬币上。反过来，如果把蜡烛抬高，火焰又会远离硬币。所以，要想把硬币照得最亮，需要把火焰放到适当的高度。

设火焰的高度为x，火焰的投影C到硬币B的距离为a，火焰的光度为i。根据光学定律，硬币的光度为

$$\frac{\mathrm{i}}{AB^2}\cos\alpha=\frac{\mathrm{i}\cos\alpha}{(\sqrt{a^2+x^2})^2}=\frac{\mathrm{i}\cos\alpha}{a^2+x^2}$$

其中，α为光线AB与桌面垂线的夹角，也就是投射角。所以

$$\cos\alpha=\cos A=\frac{x}{AB}=\frac{x}{\sqrt{a^2+x^2}}$$

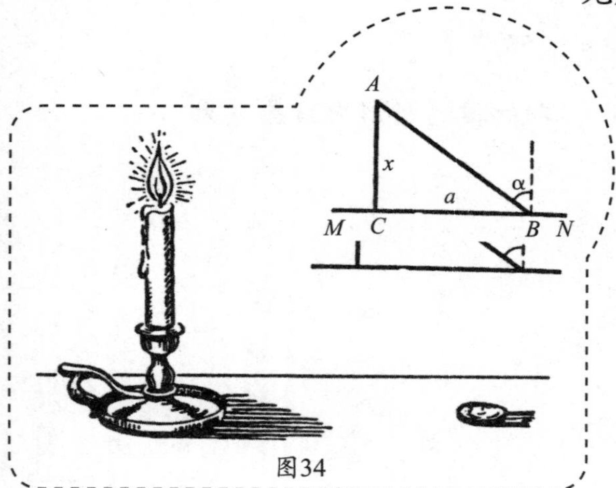

图34

于是，前面的式子

$$\frac{\mathrm{i}\cos\alpha}{a^2+x^2}=\frac{\mathrm{i}}{a^2+x^2}\cdot\frac{x}{\sqrt{a^2+x^2}}=\frac{\mathrm{i}x}{(a^2+x^2)^{\frac{3}{2}}}$$

的平方为

$$\frac{\mathrm{i}^2x^2}{(a^2+x^2)^3}=\mathrm{i}^2\cdot\frac{a^2+x^2-a^2}{(a^2+x^2)^3}=\mathrm{i}^2\cdot\frac{1}{(a^2+x^2)^2}\left(1-\frac{a^2}{a^2+x^2}\right)$$

在上式中，i为常数，可以不考虑，只考虑剩余部分

$$\frac{1}{(a^2+x^2)^2}\left(1-\frac{a^2}{a^2+x^2}\right)$$

将上式乘以a^4，并不影响乘积取最大值时x的取值，所以

$$\frac{a^4}{(a^2+x^2)^2}\left(1-\frac{a^2}{a^2+x^2}\right)=\left(\frac{a^2}{a^2+x^2}\right)^2\left(1-\frac{a^2}{a^2+x^2}\right)$$

而

$$\frac{a^2}{a^2+x^2}+\left(1-\frac{a^2}{a^2+x^2}\right)=1$$

这是一个定值。根据前面的结论，当

$$\frac{a^2}{a^2+x^2}:\left(1-\frac{a^2}{a^2+x^2}\right)=2:1$$

时，前面的乘积将取得最大值。即

$$\frac{a^2}{a^2+x^2}=2\left(1-\frac{a^2}{a^2+x^2}\right)$$

化简得

$$a^2=2\left[(a^2+x^2)-a^2\right]$$

解这个方程得

$$x = \frac{a}{\sqrt{2}} \approx 0.71a$$

也就是说，当蜡烛的火焰离桌面的高度为火焰的投影到硬币距离的0.71倍时，硬币会被照得最亮。这在舞台灯光的设置方面具有借鉴意义。

Chapter 8
级数

最古老的级数

【题目】级数是一个古老的问题。在2000多年以前，国际象棋的发明者提出了报酬的问题，而这还不是最古老的。在埃及著名的林德氏草纸本中，有一个关于分面包的问题，要古老得多。这个草纸本是由林德氏在18世纪末发现的，据考证，它出现在公元前2000年左右。其中还提到了一些其他的数学著作，可能要追溯到公元前3000年左右。在这个草纸本中，有很多关于算术或者代数的题目。其中有一道是这样的：

有一百份面包要分给5个人。第二个人比第一个人多分的量，等于第三个人比第二个人多分的量，也等于第四个人比第三个人多分的量，还等于第五个人比第四个人多分的量。另外，前面两个人分的量是后面三个人分的量的$\frac{1}{7}$。那么，每个人分得的面包是多少份？

【解答】很明显，每个人分得的面包数成递增的级数。假设第一个人分得的面包为x份，第二个人比第一个人多分了y份，则

第一个人的面包数……………………………x；

第二个人的面包数……………………………$x+y$；

第三个人的面包数…………………………$x+2y$；

第四个人的面包数…………………………$x+3y$；

第五个人的面包数…………………………$x+4y$。

根据题意，可以得到下面的方程组

$$\begin{cases}x+(x+y)+(x+2y)+(x+3y)+(x+4y)=100\\7\left[x+(x+y)\right]=(x+2y)+(x+3y)+(x+4y)\end{cases}$$

第一个方程化简可得

$$x+2y=20$$

第二个方程化简可得

$$11x=2y$$

容易解得

$$x=1\frac{2}{3},\quad y=9\frac{1}{6}$$

也就是说，这100份面包应该分成下面的5份

$$1\frac{2}{3},\ 10\frac{5}{6},\ 20,\ 29\frac{1}{6},\ 38\frac{1}{3}$$

用方格纸推导公式

级数问题的历史可以追溯到5000年前，但是在学校教育中出现却是很久以后的事。200多年前，马格尼茨基出版了一本教材，其中提到了级数。不过，教

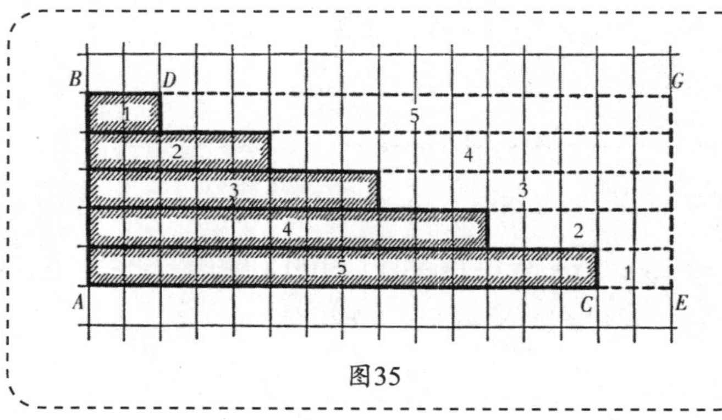

图35

材中并没有出现计算级数的公式。关于级数的求和，可以通过方格纸进行推算。在方格纸上，可以把级数表示为台阶式的图形。如图35所示，这个图形表示的级数为

$$2,\ 5,\ 8,\ 11,\ 14$$

把原来的阶梯式图形扩展为矩形$ABGE$，这样我们就得到两个全等的图形，即$ABDC$和$GECD$，它们的面积都表示该级数的各项之和。也就是说，级数的各项之和等于平行四边形$ABGE$面积的一半。而平行四边形$ABGE$的面积

$$S_{ABGE}=(AC+CE)\times AB=80$$

需要注意的是，（$AC+CE$）表示级数的首项和末项之和，AB表示级数的项数。所以

$$2S=\text{首项和末项之和}\times\text{项数}$$

从而

$$S=\frac{（\text{首项}+\text{末项}）\times\text{项数}}{2}=40$$

园丁所走的路程

【题目】有一片菜园，共有30畦，每畦的长为16米，宽为2.5米。如图36所示，在距离菜园边界14米的地方有一口井，园丁要从这口井中提水浇菜。已知他每次提的水只能浇一畦，浇水的时候要沿着畦边绕一圈。

那么，浇完全部菜园，园丁要走多少路？假设园丁的起点和终点都在井边。

图36

【解答】园丁在浇第一畦菜时所走的路程为

$$14+16+2.5+16+2.5+14=65\text{（米）}$$

浇第二畦菜时所走的路程为

$$14+2.5+16+2.5+16+2.5+2.5+14=65+5=70\text{（米）}$$

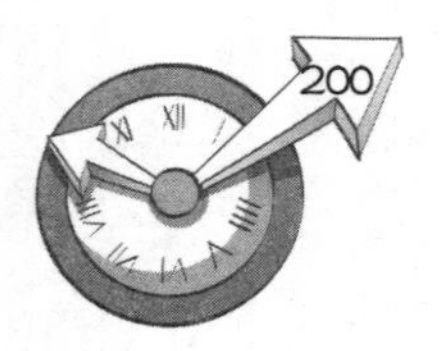

容易得出，他浇下一畦菜走的路程都比上一畦长5米。

也就是说，他浇每一畦所走的路程为下面的级数：

$$65，70，\cdots，65+5\times 29$$

这个级数的和为

$$\frac{(65+65+5\times 29)\times 30}{2}=4125\ （米）$$

即园丁一共要走4125米的路才能浇完这块菜园。

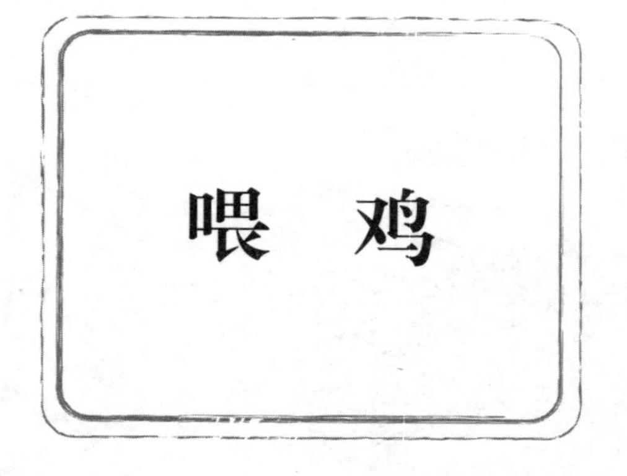

【题目】一共有31只母鸡，按照每只鸡每周吃一斗的量准备了一批饲料。如果每周都减少一只母鸡，那么最初准备的饲料可以维持的时间正好是原计划的两倍。

请问，最初准备的饲料是多少？这些饲料原计划维持多长时间？

【解答】设最初准备的饲料为x斗，原计划维持y周的时间。显然有下面的关系

$$x=31y$$

如果每周都减少一只母鸡，则第一周消耗饲料31斗，第二周消耗饲料30斗，第三周消耗饲料29斗，……，第$2y$周消耗饲料

$(31-2y+1)$ 斗。

各周消耗饲料的数量有如下规律：
第一周……31斗，
第二周……（30－1）斗，
第三周……（30－2）斗，
……
第y周……（30－2y+1）斗。

显然，这是一个项数为$2y$的级数，它的首项为31，末项为$(31-2y+1)$，它们的和即为原来饲料的储存总量x。所以

$$x=31y=\frac{(31+31-2y+1)\times 2y}{2}=(63-2y)y$$

即

$$(63-2y)y=31y$$

很明显，y不等于0，所以可以约去，得出

$$y=16$$

于是

$$x=496$$

即最初准备的饲料为496斗，原计划维持16周的时间。

挖沟问题

【题目】如图37所示，学校组织部分学生挖一条沟。如果这些学生全部出动，只需要24小时就可以挖完。但是，一开始只有一个

图37

人挖，过了一段时间后才来了第二个人，又过了同样长的时间来了第三个人，又过了同样长的时间来了第四个人……直到最后所有人都加入。经过计算发现，第一个人的工作时间正好是最后一个人的11倍。

请问，最后那个人的工作时间是多少？

【解答】设最后一个人工作了x个小时，一共有y个人挖这条沟。那么，第一个人的工作时间就是$11x$个小时。而且，每个人的工作时间为递减级数，级数共有y项。所以，可以得到

$$\frac{(11x+x)\times y}{2}=6xy$$

另外，由于y个人一起挖沟24小时就可以挖完，所以总的工作量为$24y$。从而

$$6xy=24y$$

显然，y不等于0，可以约去，于是有

$$6x=24$$

$$x=4$$

也就是说，最后一个人挖了4小时。

需要说明的是，如果题目让求一共有多少个人挖沟（y的值），根据已知条件是无法得出的，因为题目并没有给出足够的条件。

原来有多少个苹果

【题目】在一个水果店中，第一个顾客买走了所有苹果的一半加半个，第二个顾客又买走了剩下的一半加半个，第三个也买走了剩下的一半加半个，……，第七个顾客买走剩下的一半加半个后，苹果正好卖完了。请问水果店中原来有多少个苹果？

【解答】设原来有x个苹果，那么第一个顾客买走的苹果数是

$$\frac{x}{2}+\frac{1}{2}=\frac{x+1}{2}\text{（个）}$$

第二个顾客买走了

$$\frac{1}{2}\left(x-\frac{x+1}{2}\right)+\frac{1}{2}=\frac{x+1}{2^2}\text{（个）}$$

第三个顾客买走了

$$\frac{1}{2}\left(x-\frac{x+1}{2}-\frac{x+1}{2^2}\right)+\frac{1}{2}=\frac{x+1}{2^3}\text{（个）}$$

……

第七个顾客买走了

$$\frac{x+1}{2^7}\text{个}$$

所以，可以得到如下方程：

$$\frac{x+1}{2}+\frac{x+1}{2^2}+\frac{x+1}{2^3}+\cdots+\frac{x+1}{2^7}=x$$

即

$$(x+1)\left(\frac{1}{2}+\frac{1}{2^2}+\frac{1}{2^3}+\cdots+\frac{1}{2^7}\right)=x$$

括号中为一个几何级数的和，它等于$\left(1-\frac{1}{2^7}\right)$。所以

$$\frac{x}{x+1}=1-\frac{1}{2^7}$$

解方程得

$$x=2^7-1=127$$

即水果店中原来有127个苹果。

需要花多少钱买马

【题目】如图38，有人养了一匹马，卖了156卢布。但是，买马的人后来反悔，把马退还给了卖主，并说：“你这匹马根本不值这些钱，我不买了。”卖主听了后，说道：“在每只马蹄铁上有6个钉子，只要你把所有的钉子都买了，我就把这匹马白送给

图38

你。钉子的价钱是这样的：第一个钉子是$\frac{1}{4}$戈比，第二个钉子是$\frac{1}{2}$戈比，第三个钉子是1戈比，……，依此类推。”

买主听后被钉子的价钱打动，接受了卖主的条件，心想这些钉子至多也不超过10卢布。

请问，买主到底需要花多少钱买钉子呢？

【解答】显然，一共有24个钉子。买主一共需要花

$$\frac{1}{4}+\frac{1}{2}+1+2+4+\cdots+2^{24-3}$$

戈比。

这是一个几何级数的和，它等于

$$\frac{2^{21}\times 2-\frac{1}{4}}{2-1}=2^{22}-\frac{1}{4}=4194303\frac{3}{4}$$

也就是大约42000卢布。在这个价格下，买主当然愿意白送这匹马了。

发放抚恤金

在一本非常古老的俄国数学教材中，有一道这样的题目：

【题目】古时候，有个国家规定，战士如果负了一次伤，就给1戈比的抚恤金；

如果负了两次伤，就给2戈比的抚恤金；如果负了3次伤，就给4戈比的抚恤金，……，依此类推。有一个战士最后领了655.35卢布。请问，他一共负了多少次伤？

【解答】设这个战士一共负了x次伤，则有下面的方程

$$65535 = 1 + 2 + 4 + \cdots + 2^{x-1}$$

即

$$65535 = \frac{2^{x-1} \times 2 - 1}{2 - 1} = 2^x - 1$$

于是

$$65536 = 2^x$$

$$x = 16$$

即按照上面的抚恤制度，战士一共负伤16次，才能得到655.35卢布。他能活下来，真是万幸。

Chapter 9
第七种数学运算

第七种运算——取对数

在Chapter1中我们提到，代数的第五种运算有两种逆运算：一种是开方，另一种是取对数。比如：

$$a^b = c$$

如果求a就是开方，而求b就是取对数。如果你学习过中学数学课本中的内容，那么对于下面的表达式

$$a^{\log_a b}$$

你应该可以理解它的意思，并求出它的值。

容易理解，如果把上面的底数a进行乘方，而且这个乘方的次数是以a为底b的对数，那么，结果正好等于b。

你知道为什么发明对数吗？毫无疑问，就是为了使运算更加方便。对数是由耐普尔发明的，他曾这样说过：

“我要尽最大的努力，降低运算难度，减少运算量，很多人就是因为数学运算太复杂而对数学产生了恐惧。”

实际上，对数确实可以简化运算。甚至在有的情况下，离开了对数，运算根本无法进行，比如对任意指数进行开方。

数学家拉普拉斯也说过：“对数的出现，使原来几个月才能完成的运算，只需要几天就能完成。毫不夸张地说，对数的引入，让天文学家的寿命成倍延长。”因为天文学家经常需要进行非常复杂的运算。事实

上，对于所有的领域，只要跟数学打交道，对数都可以简化运算，这是不争的事实。

如今我们已经可以熟练地运用对数，并把它对运算的简化看作很平常的事情。很难想象，在它刚被发明的时候，人们该有多么惊叹它的巨大威力。

与耐普尔同时代的布利格，发明了常用对数。他在读了耐普尔的著作后，说："耐普尔发明的对数太新颖、太奇妙了，我想尽快见到耐普尔本人，我从来没有读过让我如此喜欢、如此惊叹的书。"后来，他真的在苏格兰见到了耐普尔。据说他见到耐普尔后，是这么说的：

"我不远万里到这里来的唯一目的，就是想拜见您。我很想知道，您到底拥有怎样的聪明才智，才发明了这个妙不可言的工具——对数？而且，我非常不明白的是，为什么以前的人没有想到，但是当你发明了以后，它看起来又是如此简单！"

对数的劲敌

在对数出现之前，人们为了加快计算速度发明了一种表，可以把乘法运算转换成减法运算。具体地说，这种表是依据下面的恒等式得出的：

$$ab=\frac{(a+b)^2}{4}-\frac{(a-b)^2}{4}$$

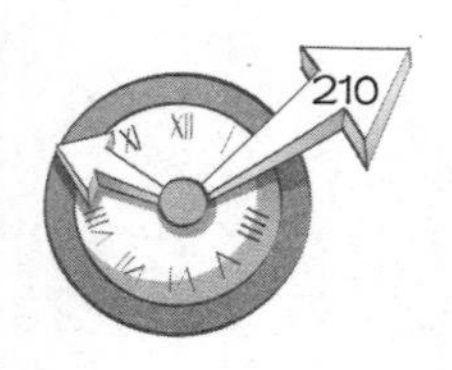

容易证明，这个恒等式是正确的。

通过上面的方式，就把乘法运算转换成了减法运算。可以把各个数平方的$\frac{1}{4}$制成表格，两个数的乘积就等于这两个数和的平方的$\frac{1}{4}$，减去它们差的平方的$\frac{1}{4}$。这种表可以简化平方和平方根的运算，另外，如果结合倒数表，也可以使除法运算大大简化。跟对数表比，该表的优点是可以得出准确的结果，而不是近似值。它的缺点也很明显，在很多实际应用的场合，它又不如对数表方便。因为这种方法只能用于两个乘数的相乘，但是对数表却可以一次求出很多个数的乘积。另外，利用对数还可以求任意次数的乘方，或者任意指数的方根。比如说，在计算复利息的时候，使用$\frac{1}{4}$平方表就行不通。

不过，即便已经发明了对数，上面的这种$\frac{1}{4}$平方表仍然有人出版。1856年，法国出版的一张平方表上这么描述："利用这张1～10亿的数字平方表，可以非常方便地求出两个数的乘积的准确值，它比对数表方便多了。（亚历山大·科萨尔）"即便到现在，仍然有人在做这项工作，他们可能不知道，在很早的时候就有这种表出现了。不止一次地，有人拿着自己"发明"的这种表找到我，以为是最新的发明，殊不知，这种表早在300多年前就出现了。

除了以上的$\frac{1}{4}$平方表以外，对数还有其他的"强劲对手"。在一些参考书中有一些计算用表，它们大都是一些综合性的表，包含的内容很多。比如，2～1000各数的平方、平方根、立方、立方根，甚至倒数、圆周长度、圆面积等。它们都能使技术方面的计算变得更加便捷，但是这种表也是有局限的，有时候并不实用，而对数表的应用却非常广泛。

进化的对数表

以前的学校用的大都是5位的对数表，现在都换成4位的了。这是因为，对于一般的技术计算，4位对数表就足够用了。对于大部分的技术计算，3位的对数表已基本够用了。

1624年，英国伦敦的数学家亨利·布利格编写了第一个常用对数表，这个表是14位的。几年后，荷兰数学家安特里安·符拉克又编写了10位的对数表。到了1794年，又有人编写了7位的对数表。

由此可见，对数表的演化趋势是尾数越来越短，因为计算的准确程度总是低于量度的准确程度。

此外，尾数的缩短产生了两种重要的影响：一是大大减少了表的篇幅；二是使用起来更加方便，可以加快运算的速度。一个7位的对数表需要200页的篇幅，而5位的对数表只需要30页，4位的只需要2~3页就可以了，3位的只需要1页就够了。

对于同一种计算，用5位对数表比用7位对数表节省一半的时间。

对数“巨人”

在实际生活中，使用3位和4位对数表已足够，但对于理论研究人员来说，这远远不够，他们甚至会用到14位以上的对数表。大多数对数都是无理数，不管用多少位数字都不能将它准确表示出来。也就是说，对大多数对数来说，不管取多少位都是近似值。当然，尾数越多，越接近真实值。对于科学研究来说，有时即便是14位对数也达不到要求的**精密度**。从对数表面世以来，已经至少有500种对数表，在这些表中，总有一种可以满足这些科学研究人员的需求。比如，法国的卡莱于1795年编写了2～1200中所有数的20位对数表。如果一组数的范围较窄，则它的对数表的位数更多。这可以称得上是对数中的奇观了。

布利格的14位对数表仅包括1～20000与90000～101000中各数的对数。

下面就来看几个对数中的“巨人”：沃尔佛兰姆编写的10000以下各数的48位对数表、沙尔普编写的61位对数表、帕尔克赫尔斯特编写的102位对数表。这些对数都是自然对数，而不是常用对数，即都是以e＝2.718…为底的对数。还有一个更为壮观的对数表，即亚当斯编写的260位对数表。

事实上，亚当斯的对数表并不是真正的表，而是利用2，3，5，7，10这5个数的自然对数与一个260位的换算因数，再利用加法或乘法运算换算成许多合数的常用对数。这也很容易理解，比如，12的对数就是2，2，3

这3个数的对数之和。

讨论对数的奇观时，不得不提到一种非常灵巧的计算工具，即计算尺，它使用起来非常方便。在技术工作中，它的使用很普遍，就像人们使用算盘一样。这种工具也是根据对数的原理设计出来的，但是对于使用的人来说，可以完全不知道对数是何物，这正是它的巧妙之处。

舞台上的速算家

在大庭广众之下，速算家可以表演出令人惊讶的速算游戏。比如，你听说有一位速算家可以计算出很多位数的高次方根，于是你事先在家中花了很长时间计算出一个数的31次乘方，得到了一个35位的数，然后你找到这位速算家，跟他说：

“你能把下面这个35位数的31次方根速算出来吗？我来读，你来写。”

还没等你读出这个数的第一个数字，速算专家已经拿起粉笔写出了结果：13。

明明还没有读，但他竟然已经知道了这个数的方根，而且还是31次方根，这太不可思议了！

其实，这并没有什么奇怪的。秘密就在于，只有13的31次方是35位数。比13小的数，它的31次方不到35位；比13大的数，它的31次方是一个多于35位的数。

那么速算专家是如何知道的呢?他是怎么计算出13来的呢？其实，他正是利用了对数，他事先记住了前15至30个数的2位对数。初看起来，这好像并不容易，但是如果根据下面的法则，就简单多了：一个合数的对数就等于它素因数的对数之和。所以，只要记住了2，3，7的对数，就可以得到前10个数的**对数**；后面的10个数，只需再记住4个数（即11，13，17，19）的对数就可以了。

$$\lg 5=\lg\frac{10}{2}=1-\lg 2。$$

所以，在这位速算家的心里，已经事先摆好了左边的2位对数表。

真数	对数	真数	对数
2	0.30	11	1.04
3	0.48	12	1.08
4	0.60	13	1.11
5	0.70	14	1.15
6	0.78	15	1.18
7	0.85	16	1.20
8	0.90	17	1.23
9	0.95	18	1.26
—	—	19	1.28

速算家表演的这个令你惊讶的戏法，就是利用了下面的式子：

$$\lg\sqrt[31]{35位数字}=\frac{34.\cdots}{31}$$

所以，这个对数的上、下限分别是$\frac{34}{31}$和$\frac{34.99}{31}$，也就是说，它大于1.09，小于1.13。在这个范围中，只存在一个整数的对数1.11，这个整数为13。不过，能以非常快的速度计算出来，心思必须非常灵活，并且能够熟练运用对数。但是，从根本上说，这确实是非常简单的。即便做不到心算，在纸上总可以计算出来，读者可以试一下下面的例子。

例如，朋友给你出了一个题目，让你计算一个20位数的64次方根。

不需要知道这个20位数是什么，你可以直接告诉他结果是2 。

实际上，因为$\lg\sqrt[64]{20位数字}=\frac{19\cdots}{64}$，所以这个数的对数应该大于$\frac{19}{64}$，小于$\frac{19.99}{64}$，也就是介于0.29与0.32之间。在这个范围中，只存在一

个整数的对数是0.30，这个整数就是2。

当你的朋友正感到惊讶时，你还可以告诉他，他想要告诉你的那个20位数就是著名的“国际象棋数”：

$$2^{64}=18446744073709551616。$$

这一定会让他大吃一惊。

饲养场里的对数

【题目】我们把仅够维持牲畜基本机能运转所需的最低分量饲料称为**“维持”饲料量**，它主要用来供给动物的体温消耗、内脏运动以及细胞的新陈代谢。它跟牲畜的表面积成正比。假设一头630千克的公牛所需的“维持”饲料量所含热量为13500卡热量，那么在同等条件下，一头420千克的公牛所需的最低热量是多少？

“维持”饲料量与生产消耗饲料量不同，后者指牲畜成为产品时所需的饲料量。

【解答】该问题除了用到代数之外，还将用到几何知识。设所求最低热量为x，由于所求的热量数x跟牲畜的表面积s成正比，所以

$$\frac{x}{13500}=\frac{s}{s_1}$$

其中，s_1为630千克的公牛的体表面积。由几何知识可知，

相似物体的表面积与对应长度的平方成正比，体积（或质量）与对应长度的立方成正比，即

$$\frac{s}{s_1}=\frac{l^2}{l_1^2}$$

$$\frac{420}{630}=\frac{l^3}{l_1^3}$$

于是

$$\frac{l}{l_1}=\frac{\sqrt[3]{420}}{\sqrt[3]{630}}$$

所以

$$\frac{x}{13500}=\frac{\sqrt[3]{420^2}}{\sqrt[3]{630^2}}=\sqrt[3]{\frac{420^2}{630^2}}=\sqrt[3]{\frac{2^2}{3^2}}$$

从而

$$x=13500\sqrt[3]{\frac{4}{9}}$$

查对数表，可得

$$x\approx 10300$$

即这头420千克的公牛所需的最低热量为10300卡。

音乐中的对数

有些音乐家也很喜欢数学，虽然他们中的大多数都对数学敬而远之。事实上他们跟数学接触的机会非常多，比他们自己想象得要多得多，而且他们所接触的还不是简单数字，而是比较复杂的对数。

有一位物理学家说过下面一段话：

我有一个喜欢弹钢琴的中学同学，他很讨厌数学。他认为音乐和数学是根本不相通的。他甚至说："虽然毕达哥拉斯发现了音乐的频率之比，但是毕达哥拉斯的音阶对我们的音乐并不适用。"

可以想见，当我跟他说他每次弹钢琴的时候，实际上弹的都是对数时，这位同学很不愿意承认自己的失败，等音程半音音阶中的每个"音程"，不是根据音的频率，也不是根据波长等距离排列的，而是根据这些数以2为底的对数进行排列的。

假设最低八音度（我们称它为零八音度）的do音每秒振动n次，那么第一八音度的do音每秒会振动$2n$次，第二八音度每秒振动$4n$。依此类推，第m八音度的do音每秒振动的次数是$n \cdot 2^m$。用p表示钢琴半音音阶中的某一个音调，用0表示每个八音度do。那么sol就是第7个音，la为第9个音，等等。由于在等音程半音音阶中，后面每个音的频率是前面一个音的$\sqrt[12]{2}$倍，所以对于任意一个音的频率，可以表示为下面的公式：

$$N_{pm} = n \cdot 2^m \left(\sqrt[12]{2}\right)^p$$

它表示第m个八音度里第p个音的音频。

对上面的式子两边取对数，得

$$\log N_{pm} = \log n + m\log 2 + p\frac{\log 2}{12}$$

即

$$\log N_{pm} = \log n + \left(m + \frac{p}{12}\right)\log 2$$

假设最低的do音频率为1，即n=1，并把上面所有的对数都看成是以2为底的，即把log2看成1。则上式变为

$$\log_2 N_{pm} = m + \frac{p}{12}$$

由此可以看出，钢琴键盘上的号码正好等于对应音调频率的**对数**。其中m是对数的首数，它表示音调位于第几个八音度；p是对数的尾数，它表示音调在该八音度中所占的位置。

这个对数需要用12乘过。

这个数需被12除过。

以第三个八音度中的sol音为例，它的频率为（$3+\frac{7}{12}$）（≈3.583），该表达式中的3是这个频率以2为底的对数的首数，而$\frac{7}{12}$(≈3.583) 是这个频率以2为底的对数的尾数。所以，sol音的频率是最低八音度中do音频率的$2^{3.583} \approx 11.98$倍。

对数、噪声和恒星

初看起来，本节标题中的几个东西毫不相干，读者可能觉得很奇怪。事实上，我是想告诉读者，恒星和噪声都跟对数有着密切的关系。之所以把恒星和噪声放在一起，是因为恒星的亮度和噪声的响度一样，都是用对数来进行度量的。

根据视觉辨别出的亮度，天文学家把恒星分成一等星、二等星、三等星等。对我们的肉眼来说，连续排列的恒星就像是代数中的每一项级数。但是，它们的物理亮度（客观亮度）却是按照另一种规律变化的，确切地说，它们的物理亮度是公比为$\frac{1}{2.5}$的几何级数。容易理解，恒星的等级就是它物理亮度的对数，确切地说，是负对数。比如说，一等星比三等星亮$2.5^{(3-1)}$倍，也就是6.25倍。换句话说，天文学家在表示恒星的视觉亮度时，用的就是以2.5为底的对数表。本节中，对此我们不做详细讨论。有兴趣的读者朋友，可以参考本系列丛书中的《趣味天文学》一书。

噪声的响度也是用这种方法来量度的。对工厂里的工人来说，噪声影响着他们的健康和工作效率，这迫使人们想办法测量出它的响度到底有多大。我们一般用“贝尔”作为响度的单位，其实用得最多的是它的$\frac{1}{10}$，即“分贝”（1贝尔 = 10分贝）。比如1贝尔、2贝尔等，我们常说成10分贝、20分贝等。对于人的耳朵来说，这些连续的响度就像一个算术级数。但是，噪声的“强度”或者说能量却是一个公比为10的几何级数。比如说，两个噪声的响度只差1贝尔，但是它们的强度却差了10倍。也就是说，噪声的响度正好等于强度或者能量的常用对数。

下面来看几个例子，读者就更清楚了。

树叶沙沙声的响度为1贝尔，我们大声讲话的响度是6.5贝尔，狮子吼叫的响度是8.7贝尔。根据这些数据，可以得出：

大声讲话的强度是树叶沙沙声的$10^{(6.5-1)}=10^{5.5}=316000$倍；

狮子吼叫的强度是大声讲话的$10^{(8.7-6.5)}=10^{2.2}=158$倍。

如果噪声的响度大于8贝尔，对人类机体就会有害。在很多工厂中，噪声的响度远远超出了这个指标，那里的响声可能比10贝尔还要大。比如，锤子打在钢板上产生的噪声响度是11贝尔。这些噪声的强度通常比可忍受的强度大100倍甚至1000倍，尼亚加拉大瀑布最喧闹的地方，噪声的响度才只有9贝尔。

不管是衡量恒星的视觉亮度，还是确定噪声的响度，在感觉和刺激的

数量之间存在着对数关系，这并非偶然。其实，它们都是由所谓的“费赫纳尔心理物理学定律”决定的，即感觉的数量与刺激数量的对数成正比。

所以可以说，在心理学领域中也存在着对数。

灯丝的温度

【题目】与金属材料灯丝的真空灯泡相比，充气的电灯泡发出的光更亮。这是因为两种灯泡灯丝的温度不一样。根据物理学定律，白炽物体所发出的光线总量与绝对温度（从–273℃开始算起的温度）的12次方成正比。来看一道题目：如果一个充气灯泡灯丝的绝对温度为2500K，而一个真空灯泡灯丝的绝对温度是2200K，前者跟后者比，发出来的光要强多少倍？

【解答】设这个倍数是x，则有方程

$$x=\frac{2500^{12}}{2200^{12}}=\left(\frac{25}{22}\right)^{12}$$

两边取对数，得

$$\lg x=12(\lg 25-\lg 22)=4.6$$

即充气灯泡所发出的光线强度是真空灯泡的4.6倍。换句话说，在同样的条件下，如果真空灯泡发出的光线相当于50支蜡烛的光，则充气灯泡发出的光线相当于230支蜡烛的光。

【题目】在上面的题目中，如果要求电灯的亮度加倍，那么绝对温度应该提高多少（百分比）？

【解答】设提高x，则有

$$(1+x)^{12}=2$$

两边取对数，得

$$12\lg(1+x)=\lg2$$

易得

$$x=0.06=6\%$$

【题目】如果灯丝的绝对温度提高了1%，那么灯泡的亮度增加多少（百分比）？

【解答】设亮度增加了x，则

$$x=1.01^{12}$$

两边取对数，易得

$$x=1.13$$

即灯泡的亮度增加了13%。

在这个题目中，如果绝对温度提高2%，灯泡的亮度将增加27%；如果绝对温度提高3%，亮度将增加43%。

由此可以看出为什么人们要想尽办法提高灯丝的温度了，因为灯丝的温度哪怕仅仅提高1℃～2℃，灯泡的亮度就可以增加很多。

遗嘱中的对数

很多读者朋友都知道那个象棋发明者被奖赏的麦粒数目，这个数目就是在1的基础上，不断累乘2得出来的。在棋盘上的第一个格里放1粒麦子，在第二个格里放2粒，后面每个格放的麦粒数都是前面那个格的2倍，一直到最后的第64个格。

其实即便不是每个格都加倍，只是加了一个小得多的倍数，最后得出的数字也会非常大。比如，一笔钱每年的利息是5%，即下一年的钱数将是今年的1.05倍，这看起来好像并不多，可是如果过了足够长的时间，这笔钱将变成非常大的数目。美国著名的政治家富兰克林曾经立过一份遗嘱，基本内容是这样的：

把我财产中的1000英镑赠送给波士顿的居民。要是他们接受了这些钱，我希望他们把这笔钱以每年5%的利息借给那些手工业者，让这笔钱不停地生息。这样的话，100年后，这笔钱将变成131000英镑。那时，可以拿出100000英镑兴建一所公共设施，然后让剩下的钱继续按5%的利率生息。再过100年，这笔钱将变成4061000英镑，那时，把其中的1061000英镑给波士顿的居民，让他们自由支配，剩下的3000000英镑给马萨诸塞州的公众，让他们来管理。以后如何处理这些钱，我就不管了。

可见，富兰克林只不过留下了1000英镑，却列出了支配几百万英镑的计划。不需要怀疑，这里没有任何问题，通过数学计算就可以证实这一点。一开始的1000英镑，如果年利率是5%，100年后将变成

$$x=1000\times1.05^{100}$$

两边取对数，得

$$\log x=\log1000+100\log1.05\approx5.11893$$

解得

$$x=131000$$

第二个100年后，31000英镑将变成

$$y=31000\times1.05^{100}$$

同样的方法，可以得出

$$y=4076500$$

这个结果跟遗嘱上的稍有出入，不过相差不大。

对于下面的问题，希望读者自己进行解答。该题目出自《戈洛夫廖夫老爷们》，是萨尔蒂科夫·谢德林的著作。题目是这样的：

“波尔菲里·符拉基米洛维奇独自坐在办公室里，在纸上不停地计算着什么。他在计算一个问题：在自己出生的时候，爷爷给了100卢布，要是这些钱没有花掉，而是以自己的名义存在当铺里，现在会是多少钱呢？算出的结果不是很多，一共800卢布。”

假设当时波尔菲里已经50岁了，并且他的计算方法是正确的，那么，当时那个当铺的利率是多少呢？

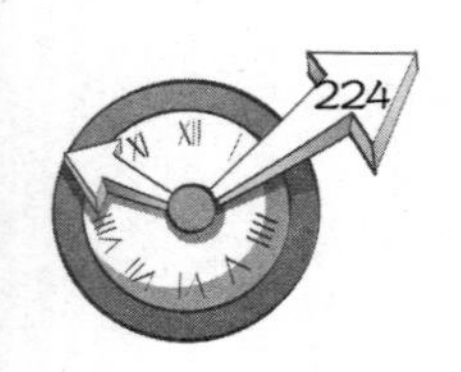

连续增长的资金

一笔钱存到银行里，每年都会把利息并到本金中。这样归并的次数越多，这笔钱增长的速度就越快，因为可以产生利息的钱数变多了。来看一个简单的例子。假设存进去100卢布，银行的年利率是100%，一年结束后再把利息并到本金中，那么一年后，这笔钱将变成200卢布。要是每半年就把利息并到本金中，那么一年后，这笔钱将变成多少呢？首先半年后的总钱数为

$$100 \times 1.5=150\text{（卢布）}$$

又过了半年后，总钱数为

$$150 \times 1.5=225\text{（卢布）}$$

如果归并利息间隔的时间再少一些，比如说$\frac{1}{3}$年，那么一年后，这笔钱将变成

$$100 \times \left(1+\frac{1}{3}\right)^3 \approx 237.03\text{（卢布）}$$

如果再缩短一些，比如0.1年、0.01年、0.001年，那么一年后，这100卢布将分别变成：

$$100 \times (1+0.1)^{10} \approx 259.37\text{（卢布）}$$

$$100 \times (1+0.01)^{100} \approx 270.48\text{（卢布）}$$

$$100 \times (1+0.001)^{1000} \approx 271.69 \text{（卢布）}$$

通过高等数学的方法可以证明，会得到一个极限值，也就是说，即便利息并到本金中的时间无限缩短，这100元最后也不会无限增加，而是会达到一个极限，大概是271.83元。即如果年利率是100%，那么不管把利息并到本金的时间缩到多么短，最后得到的钱数也不可能多于本金的2.7183倍。

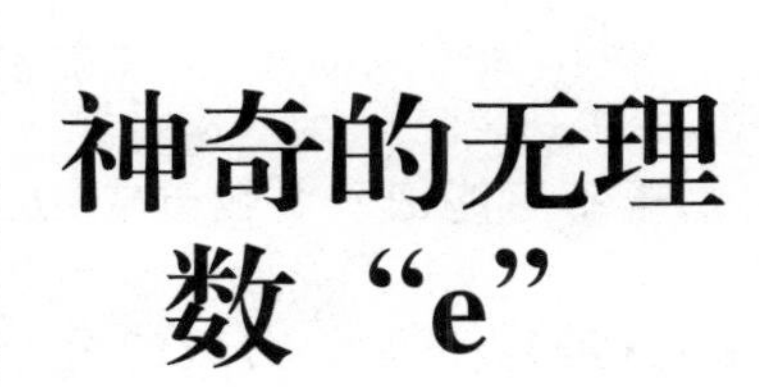

神奇的无理数“e”

在上一节中，我们得出了一个数字2.7183…，这是一个无理数。在高等数学中，这个数字的作用非常大，通常把它记为e，并用下面的级数来计算它的近似值：

$$1+\frac{1}{1}+\frac{1}{1\times 2}+\frac{1}{1\times 2\times 3}+\frac{1}{1\times 2\times 3\times 4}+\frac{1}{1\times 2\times 3\times 4\times 5}+\cdots$$

在上节关于存款按复利方式增长的例子中，我们知道e就是式子

$$\left(1+\frac{1}{n}\right)^{n}$$

在n趋于无穷大时的极限值。

鉴于很多无法赘述的原因，我们把e作为自然对数的底，这是非常方便的。很早以前就有了自然对数表，并在科学技术中发挥了重要作用。

前面的章节中，我们提到了48位、61位、102位，甚至260位的对数“巨人”，它们都是以e作为底的对数。

此外，数e还经常在我们意想不到的地方出现，比如下面的题目：

把数a分成若干份，若使每一份的乘积最大，应该如何分呢？

我们之前已经了解到，如果一组数的和为定值，要想使它们的乘积最大，这组数中的每个数必须相等。很明显，这里的a分成的每一份都相等，那么该分成多少份呢？利用高等数学的知识可以证明：当所分的每份与e最接近的时候，所得的乘积最大。

比如，假设a等于10，该如何分呢？前提是每一份都相等。我们可以先求出e除a的商是多少，它等于

$$\frac{10}{2.718\cdots}=3.678\cdots$$

由于不可能把一个数分成3.678…份，所以只能取最接近这个数的整数，也就是4。所以，分成的每一份就是$\frac{10}{4}$，也就是2.5时，各项乘积最大，这4份的乘积是

$$2.5^4=39.0625$$

可以验证该结论是否正确，如果把10等分成3份或者5份，得到的乘积将分别是

$$\left(\frac{10}{3}\right)^3=37$$

$$\left(\frac{10}{5}\right)^5=32$$

它们都比前面的结果小。

如果a等于20呢？这时，就必须分成相等的7份，因为

$$\frac{20}{2.718\cdots}\approx 7.36$$

如果a是50，应该分成18份；如果a是100，则应该分成37份。因为

$$\frac{50}{2.718\cdots}\approx 18.4$$

$$\frac{100}{2.718\cdots}\approx 36.8$$

除了在数学领域，在物理学、天文学以及其他的领域中，数e都发挥着非常重要的作用。比如在下面的这些问题中，经常会用到数e：

气压随高度不同而变化的公式，

欧拉公式，

参见《星际旅行》一书。

物体的冷却规律，

放射性元素的衰变，

地球的年龄，

摆锤在空气中的摆动，

计算火箭速度的奥尔科夫斯基公式，

线圈中的电磁振荡，

细胞的增殖。

用对数“证明”2＞3

【题目】在Chapter 8中，我们见识了一些数学中出现的喜剧。在对数中，也存在这样的例子。前面我们证明过不等式“2>3”，下面就来

用对数“证明”一下这个不等式。显然，下面的不等式

$$\frac{1}{4}>\frac{1}{8}$$

是正确的，把它变换为如下形式

$$\left(\frac{1}{2}\right)^2>\left(\frac{1}{2}\right)^3$$

这里没有任何问题。由于大数的对数也相应地大，所以有

$$2\lg\left(\frac{1}{2}\right)>3\lg\left(\frac{1}{2}\right)$$

把两边的$\lg\left(\frac{1}{2}\right)$约掉，就得到

$$2>3$$

于是得出了这个错误的不等式。到底哪儿错了呢？

【解答】其实，前面的变换没有错，取对数也没有错，错就错在约掉$\lg\left(\frac{1}{2}\right)$的这一步。因为$\lg\left(\frac{1}{2}\right)$是一个小于0的数，所以在约掉它的时候应该改变不等式的符号，但是在上面的计算中却没有这么做。

用三个2表示任意数

【题目】最后，用一个非常巧妙的代数题来结束本书的内容：

对于一个任意正整数，请用3个2和任意的数学符号表示出来。

【解答】首先，来看一下这个题目的特例。

假设这个数是3，那么

$$3=-\log_2\log_2\sqrt{\sqrt{\sqrt{2}}}$$

其实，这个等式很容易证明：

$$\sqrt{\sqrt{\sqrt{2}}}=\left[\left(2^{\frac{1}{2}}\right)^{\frac{1}{2}}\right]^{\frac{1}{2}}=2^{\frac{1}{2^3}}=2^{2^{-3}}$$

$$\log_2\sqrt{\sqrt{\sqrt{2}}}=\log_2 2^{2^{-3}}=2^{-3}$$

$$-\log_2 2^{-3}=3$$

如果这个数是5，同样的方法，我们可以得到下面的式子：

$$5=-\log_2\log_2\sqrt{\sqrt{\sqrt{\sqrt{\sqrt{2}}}}}$$

由此可见，如果这个数是N，则有：

$$N=-\log_2\log_2\underbrace{\sqrt{\sqrt{\sqrt{\cdots\sqrt{2}}}}}_{N\text{层根号}}$$

容易看出，上式中根号的层数正好等于这个数的值。

感　谢

在本书的翻译过程中，得到了项静、尹万学、周海燕、项贤顺、张智萍、尹万福、杜义的帮助与支持，在此一并表示感谢。